Die Biegung kreissymmetrischer Platten von veränderlicher Dicke

Von

Dr.-Ing. Otto Pichler

Mit 6 Textabbildungen

Springer-Verlag Berlin Heidelberg GmbH
1928

ISBN 978-3-662-31435-7 ISBN 978-3-662-31642-9 (eBook)
DOI 10.1007/978-3-662-31642-9

Vorwort.

Die Biegung von Platten ist in der Fachliteratur ausführlich behandelt; doch sind dabei Platten von veränderlicher Dicke kaum untersucht worden. In vorliegender Schrift ist der Versuch gemacht, die Biegung von kreissymmetrischen Platten veränderlicher Dicke zu berechnen. Dabei wurde neben theoretischen Untersuchungen Wert auf die Durchbildung von Näherungsverfahren gelegt und für eine besondere Klasse von Profilen, auf die sich viele praktisch vorkommende Profile zurückführen lassen, die Berechnung numerisch vollständig durchgeführt und kurvenmäßig festgelegt. Die beigefügten Kurven und Zahlentafeln gestatten eine rasche Ermittlung der Durchbiegung und Spannungen für viele Platten veränderlicher Dicke.

Herrn Professor Dr. Grammel spreche ich an dieser Stelle meinen besonderen Dank aus für die wirksame Unterstützung bei den Korrekturen.

Neu-Rössen bei Merseburg,
im März 1928.

O. Pichler.

Inhaltsverzeichnis.

Einleitung.

Die Theorie der elastischen Platten ist eine der am weitesten ausgebauten Theorien der Elastizitätslehre. Neben den klassischen Arbeiten von Germain, Lagrange, Navier, Kirchhoff, Poisson, Love usw. sind es in neuerer Zeit vor allem die Arbeiten von Bach, Föppl, Marcus, Nádai und anderen, die das Problem der Plattenbiegung weitgehend gefördert haben, so daß man heute in der Lage ist, die meisten praktisch vorkommenden Aufgaben zu lösen. Fast alle Arbeiten aber beschränken sich auf Platten konstanter Dicke, und nur in vereinzelten Fällen wird die Aufgabe behandelt, die Biegung einer Platte von nicht konstanter Dicke zu ermitteln. So behandelt Stodola[1] die Durchbiegung von Dampfturbinenscheiben mit hyperbolischem Profil und Nielsen[2] berechnet mit Hilfe der Differenzenrechnung quadratische Platten mit veränderlicher Dicke. Dann hat in neuester Zeit Huggenberger[3] Versuche über halbkreisförmige Platten angestellt und auf Grund dieser Rechnungsverfahren für solche Platten abgeleitet. Ferner teilt Grammel[4] ein graphisches Verfahren mit, das die Berechnung von rotierenden Scheiben beliebigen Profils gestattet und sich leicht auf die Untersuchung von Platten veränderlicher Dicke ausdehnen läßt.

Ein weit allgemeineres Problem behandelt Geckeler in seiner Untersuchung über die Festigkeit achsensymmetrischer Schalen[5]. Er stellt die Differentialgleichungen für dieses Problem auf, das als Sonderfall auch die ebene kreissymmetrische Platte mit veränderlicher Dicke umfaßt. Die strengen Lösungen lassen sich für einige Sonderfälle (Kugel, Kegel und Ringfläche mit konstanter Dicke) finden; für eine beliebige Schale mit veränderlicher Dicke gibt Geckeler eine Näherungslösung

---

[1] Stodola, A.: Dampf- und Gasturbinen 5. Aufl., S. 899ff. Berlin: Julius Springer 1922.

[2] Nielsen, N. J.: Spaendiger i. Plader, Kopenhagen 1920.

[3] Hugenberger, A.: Festigkeit halbkreisförmiger Platten und Dampfturbinenlaufräder. Forschungsarbeiten auf dem Gebiet des Ingenieurswesens 1926, Heft 280.

[4] Grammel, R.: Ein neues Verfahren zur Berechnung rotierender Scheiben. Dinglers Polytechnisches Journal 1923, Heft 25/26.

[5] Geckeler, J.: Über die Festigkeit achsensymmetrischer Schalen. Forschungsarbeiten auf dem Gebiete des Ingenieurwesens 1926, Heft 276.

an, die jedoch bei flachen Schalen schlecht konvergiert, und für die ebene Platte ganz versagt[1]. Die Biegung von kreissymmetrischen Platten nicht konstanter Dicke soll nun im folgenden für ein beliebiges Profil untersucht werden. Zunächst wird die Differentialgleichung für eine beliebige, nicht symmetrische Belastung aufgestellt und ihre Lösung für ein beliebiges Profil bei symmetrischer Belastung mittels Reihenentwicklungen gegeben. Für eine Klasse von häufig vorkommenden Sonderprofilen werden dann die Biegungsspannungen und die elastischen Flächen bis zum zahlenmäßigen Ergebnis durchgerechnet und kurvenmäßig dargestellt. Ferner wird für beliebige Profile ein graphisches und ein numerisches Näherungsverfahren angegeben und an einem Zahlenbeispiel die Brauchbarkeit und die Genauigkeit dieser Verfahren gezeigt. Zuletzt wird noch das Problem der Platte gleicher Festigkeit erörtert und ein Profil gefunden, das die Forderung gleicher Festigkeit in weitgehendem Maße erfüllt.

[1] Ebenda S. 28 (siehe Fußnote 5 S. 1).

1. Biegungsgleichung kreissymmetrischer Platten.

Im Folgenden soll zunächst die Biegungsgleichung einer kreissymmetrischen Platte aufgestellt werden, die durch Kräfte senkrecht zu ihrer Ebene belastet wird. Unter Plattenebene wird dabei die Ebene verstanden, längs welcher die Platte aufgelagert ist. Es soll hier immer vorausgesetzt werden, daß eine solche Ebene vorhanden ist, und zunächst wenigstens angenommen werden, daß die Platte symmetrisch zu einer als die „Mittelebene" zu bezeichnenden Ebene ist, ferner sollen die in der Plattentheorie allgemein üblichen Voraussetzungen gemacht werden, nämlich daß die Dicke h einer Platte klein gegen die übrigen Abmessungen ist, und daß sie sich längs der Platte nicht sprunghaft ändert, sowie daß die Punkte einer zur Mittelebene senkrechten Geraden nach der Biegung wieder auf einer Geraden liegen, die normal ist zu der Fläche, in die die Mittelebene im verbogenen Zustand übergeht. Diese Fläche werde die elastische Fläche der Platte genannt, und ihre Ordinaten sollen als die Durchbiegungen der Platte angesehen werden. Wenn diese klein gegen die Dicke der Platte sind, so sind die Dehnungen der Mittelfläche klein gegen die Dehnungen, welche im Abstande z von ihr auftreten[1]. Um die Formänderungen zu beschreiben, die eine kreissymmetrische Platte unter den gemachten Voraussetzungen erleidet, wählen wir ein Zylinderkoordinatensystem r, α, z, dessen z-Achse senkrecht zur Plattenebene ist, positiv im Sinne der Durchbiegungen gerechnet. Wir ermitteln zunächst die Dehnungen eines Plattenelementes, das durch zwei benachbarte Zylinderschnitte $r = \text{const}$ und zwei Meridianschnitte $\alpha = \text{const}$ begrenzt ist (Abb. 1).

Die Neigung der Tangentialebene der elastischen Fläche $w = f(r, \alpha)$ ist in radialer Richtung durch $\frac{\partial w}{\partial r}$ und in tangentialer Richtung durch $\frac{\partial w}{r\,\partial \alpha}$ gegeben. Ein Element, das sich im Abstand z von der Mittelfläche befindet, wird infolge der Krümmung um den Betrag $+ z\frac{\partial w}{\partial r}$ nach dem Mittelpunkt hin verschoben, die radiale Dehnung ε_r hat daher den Betrag

$$\varepsilon_r = - z\frac{\partial^2 w}{\partial r^2}.$$

[1] Vgl. hierzu Nádai, A.: Elastische Platten S. 19 und 270. Berlin: Julius Springer 1925.

Infolge der Neigung der elastischen Fläche in tangentialer Richtung erleidet das Element ferner eine tangentiale Dehnung vom Betrag $-z\frac{\partial^2 w}{r^2\partial\alpha^2}$. Da sich aber das Bogenelement $r\,d\alpha$ auch infolge der Neigung $\frac{\partial w}{\partial r}$ um den Betrag $\frac{\partial w}{\partial r}d\alpha$ verkürzt, erleidet das Plattenelement im Abstand z von der Mittelfläche eine zusätzliche Dehnung vom Betrag $-\frac{z}{r}\frac{\partial w}{\partial r}$, so daß die gesamte Dehnung in tangentialer Richtung gegeben ist durch

$$\varepsilon_t = -z\left(\frac{1}{r}\frac{\partial w}{\partial r} + \frac{1}{r^2}\frac{\partial^2 w}{\partial\alpha^2}\right).$$

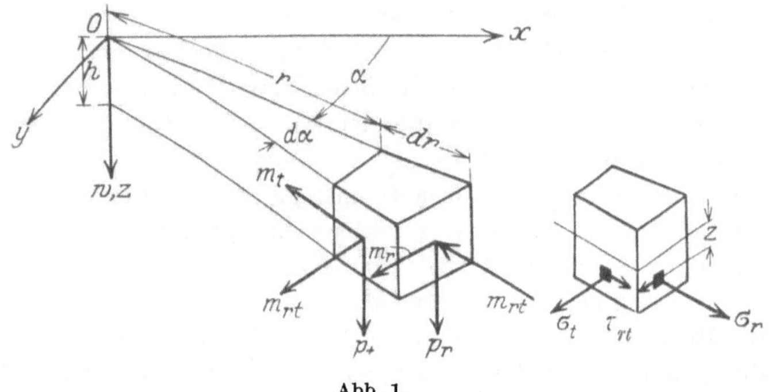

Abb. 1.

Außer diesen Dehnungen ε_r und ε_t erleidet das Element aber auch noch eine Schiebung γ_{rt}, die der Änderung des rechten Winkels zwischen den Flächen $r = \text{const}$ und $\alpha = \text{const}$ gleich ist. Wenn wir in Abb. 2 die Winkel ABC und $A'B'C'$, die diese Flächen vor und nach der Durchbiegung miteinander bilden, vergleichen, so setzt sich die Änderung des rechten Winkels aus drei Anteilen γ', γ'', γ''' zusammen[1].

Der Anteil γ' rührt davon her, daß sich der Endpunkt des Elements dr gegen seinen Anfangspunkt um $\frac{\partial}{\partial r}\left(-z\frac{1}{r}\frac{\partial w}{\partial\alpha}\right)dr$ verschoben hat; somit ist

$$\gamma' = -z\frac{\partial}{\partial r}\left(\frac{1}{r}\frac{\partial w}{\partial\alpha}\right).$$

Der Anteil γ'' hat seine Ursache darin, daß sich der Endpunkt des Fahrstrahls OB um die Strecke $-z\frac{1}{r}\frac{\partial w}{\partial\alpha}$ verschoben hat, daraus folgt, daß

$$\gamma'' = -\frac{z}{r^2}\frac{\partial w}{\partial\alpha}$$

[1] Vgl. hierzu **Nádai**, A.: Elastische Platten S. 191ff.

ist. Die Winkeländerung γ''' endlich erklärt sich aus der Verschiebung des Endpunktes des Elementes $r d\alpha$ um den Betrag $\frac{\partial}{r\,\partial\alpha}\left(-z\frac{\partial w}{\partial r}\right) r\,d\alpha$ gegenüber seinem Anfangspunkt. Daher ist

$$\gamma''' = -z\frac{\partial^2 w}{r\,\partial r\,\partial\alpha}.$$

Man hat somit

$$\gamma_{rt} = \gamma' - \gamma'' + \gamma''' = -z\left[\frac{\partial}{\partial r}\left(\frac{1}{r}\frac{\partial w}{\partial\alpha}\right) - \frac{\partial w}{r^2\,\partial\alpha} + \frac{\partial^2 w}{r\,\partial r\,\partial\alpha}\right]$$

oder

$$\gamma_{rt} = -2z\frac{\partial}{\partial r}\left(\frac{1}{r}\frac{\partial w}{\partial\alpha}\right).$$

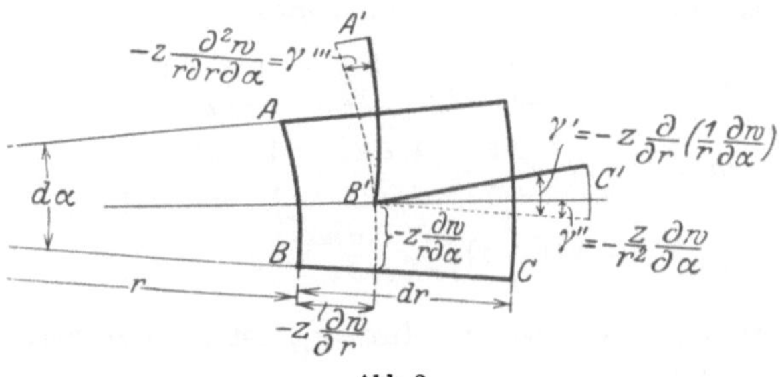

Abb. 2.

Den Dehnungen ε_r und ε_t und der Schiebung γ_{rt} entsprechen nun Normalspannungen σ_r und σ_t (siehe Abb. 1) bzw. Schubspannungen τ_{rt}, die durch folgende Gleichungen miteinander verbunden sind:

$$\left.\begin{aligned} E\varepsilon_r &= \sigma_r - \nu\sigma_t \\ E\varepsilon_t &= \sigma_t - \nu\sigma_r \\ G\gamma_{rt} &= \tau_{rt} \end{aligned}\right. \qquad \left\{\begin{array}{l} E \text{ Elastizitätsmodul} \\ \nu \text{ Poissonsche Zahl} \\ G \text{ Gleitmodul} \end{array}\right\}.$$

Daraus folgt

$$\left.\begin{aligned} \sigma_r &= \frac{E}{1-\nu^2}(\varepsilon_r + \nu\varepsilon_t) = -\frac{Ez}{1-\nu^2}\left[\frac{\partial^2 w}{\partial r^2} + \nu\left(\frac{1}{r}\frac{\partial w}{\partial r} + \frac{1}{r^2}\frac{\partial^2 w}{\partial\alpha^2}\right)\right], \\ \sigma_t &= \frac{E}{1-\nu^2}(\nu\varepsilon_r + \varepsilon_t) = -\frac{Ez}{1-\nu^2}\left[\nu\frac{\partial^2 w}{\partial r^2} + \frac{1}{r}\frac{\partial w}{\partial r} + \frac{1}{r^2}\frac{\partial^2 w}{\partial\alpha^2}\right], \\ \tau_{rt} &= G\gamma_{rt} = -2Gz\frac{\partial}{\partial r}\left(\frac{1}{r}\frac{\partial w}{\partial\alpha}\right). \end{aligned}\right\} \quad (1)$$

Die Biegungsspannungen σ_r, die senkrecht zu einem Zylinderschnitt wirken, lassen sich zusammenfassen zu einem biegenden Moment $m_r r\,d\alpha$, ebenso die Spannungen σ_t zu einem Moment $m_t\,dr$ und schließlich die Schubspannungen τ_{rt} bzw. τ_{tr} zu einem scherenden Moment $m_{rt} r\,d\alpha$

bzw. $m_{tr}\,dr$, je nachdem man die der Größe nach gleichen Schubspannungen τ_{rt} oder τ_{tr} betrachtet. Der Pfeilsinn der Momente ist aus Abb. 1 ersichtlich, ihr Betrag ist definiert durch

$$m_r = \int_{-\frac{h}{2}}^{+\frac{h}{2}} \sigma_r\, z\, dr\,, \qquad m_t = \int_{-\frac{h}{2}}^{+\frac{h}{2}} \sigma_t\, z\, dr\,, \qquad m_{rt} = m_{tr} = \int_{-\frac{h}{2}}^{+\frac{h}{2}} \tau_{rt}\, z\, dz\,.$$

Setzt man die Werte von σ_r, σ_t und τ aus Gleichung (1) in die obigen Integrale ein und führt die Abkürzung

$$N = \frac{E\,h^3}{12\,(1-\nu^2)} \tag{2}$$

(Biegungsfestigkeit der Platte) ein, so kommt

$$\left.\begin{aligned} m_r &= -N\left[\frac{\partial^2 w}{\partial r^2} + \nu\left(\frac{1}{r}\frac{\partial w}{\partial r} + \frac{1}{r^2}\frac{\partial^2 w}{\partial \alpha^2}\right)\right],\\ m_t &= -N\left[\nu\frac{\partial^2 w}{\partial r^2} + \frac{1}{r}\frac{\partial w}{\partial r} + \frac{1}{r^2}\frac{\partial^2 w}{\partial \alpha^2}\right],\\ m_{rt} &= -N(1-\nu)\frac{\partial}{\partial r}\left(\frac{1}{r}\frac{\partial w}{\partial \alpha}\right). \end{aligned}\right\} \tag{3}$$

Bei der Ableitung des Ausdrucks für m_{rt} ist noch zu beachten, daß $2\,G = E/(1+\nu)$ ist.

Wir betrachten nun das Gleichgewicht der Kräfte und Momente, die an dem Plattenelement angreifen. Dabei ist zu berücksichtigen, daß außer den Momenten m_r, m_t, m_{rt} auch noch Querkräfte $p_r\,r\,d\alpha$ und $p_t\,dr$ an dem Element angreifen, herrührend von den Schubspannungen τ_{rz} und τ_{tz}, die senkrecht zur Plattebene wirken. Und zwar ist unter p_r die Querkraft verstanden, die auf die Längeneinheit eines Zylinderschnittes wirkt; p_t ist die Querkraft für die Längeneinheit eines Meridianschnittes; p_r und p_t hängen mit den entsprechenden Schubspannungen zusammen durch die Gleichungen

$$p_r = \int_{-\frac{h}{2}}^{+\frac{h}{2}} \tau_{rz}\, dz\,, \qquad p_t = \int_{-\frac{h}{2}}^{+\frac{h}{2}} \tau_{tz}\, dz\,.$$

Außer diesen Kräften und Momenten sei das Plattenelement noch durch eine äußere Last $p_r\,dr\,d\alpha$ belastet.

Aus Abb. 3 ergibt sich nun für das Gleichgewicht der Momente in tangentialer Richtung unter Vernachlässigung der Glieder höherer Ordnung

$$r\,p_r\,d\alpha\,dr = \frac{\partial}{\partial r}(r\,m_r)\,d\alpha\,dr - m_t\,d\alpha\,dr + \frac{\partial m_{rt}}{r\,\partial\alpha}\,r\,d\alpha\,dr\,.$$

Für die Momente in radialer Richtung gilt

$$r\, p_t\, d\alpha\, dr = \frac{\partial}{\partial r}(r\, m_{rt})\, d\alpha\, dr + m_{rt}\, d\alpha\, dr + \frac{\partial m_t}{r\, \partial \alpha}\, r\, d\alpha\, dr\,.$$

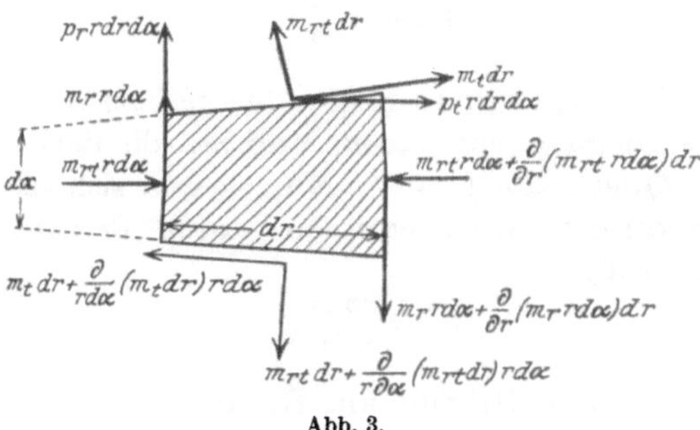

Abb. 3.

Ganz entsprechend erhält man für das Gleichgewicht der Kräfte (s. Abb. 1)

$$\frac{\partial}{\partial r}(p_r\, r\, d\alpha)\, dr + \frac{\partial}{r\, \partial \alpha}(p_t\, dr)\, r\, d\alpha + p\, r\, dr\, d\alpha = 0\,.$$

Kürzt man mit dem Faktor $r\,dr\,d\alpha$, so lassen sich die Gleichgewichtsbedingungen in folgender Form anschreiben

$$p_r = \frac{\partial m_r}{\partial r} + \frac{m_r - m_t}{r} + \frac{1}{r}\frac{\partial m_{rt}}{\partial \alpha}\,,$$

$$p_t = \frac{\partial m_{rt}}{\partial r} + 2\,\frac{m_{rt}}{r} + \frac{1}{r}\frac{\partial m_t}{\partial \alpha}\,,$$

$$\frac{\partial p_r}{\partial r} + \frac{1}{r}\, p_r + \frac{1}{r}\frac{\partial p_t}{\partial \alpha} = -\, p\,.$$

Führt man für m_r, m_t und m_{rt} die Werte aus (3) ein, so kommt, wenn man berücksichtigt, daß die Platte kreissymmetrisch sein soll, daß also $\frac{\partial N}{\partial \alpha}$ verschwindet,

$$p_r = -\, N\frac{\partial \Delta w}{\partial r} - \frac{dN}{dr}\left[\frac{\partial^2 w}{\partial r^2} + \nu\left(\frac{1}{r}\frac{\partial w}{\partial r} + \frac{1}{r^2}\frac{\partial^2 w}{\partial \alpha^2}\right)\right],$$

$$p_t = -\, N\frac{1}{r}\frac{\partial \Delta w}{\partial \alpha} - (1-\nu)\frac{dN}{dr}\frac{\partial}{\partial r}\left(\frac{1}{r}\frac{\partial w}{\partial \alpha}\right),$$

$$N\,\Delta\,\Delta\, w + \frac{dN}{dr}\left[2\,\frac{\partial^3 w}{\partial r^3} + \frac{2+\nu}{r}\frac{\partial^2 w}{\partial r^2} - \frac{1}{r^2}\frac{\partial w}{\partial r} + \frac{2}{r^2}\frac{\partial^3 w}{\partial r\, \partial \alpha^2} - \frac{3}{r^3}\frac{\partial^2 w}{\partial \alpha^2}\right]$$

$$+ \frac{d^2 N}{\partial r^2}\left[\frac{\partial^2 w}{\partial r^2} + \frac{\nu}{r}\frac{\partial w}{\partial r} + \frac{\nu}{r^2}\frac{\partial^2 w}{\partial \alpha^2}\right] = p\,.$$

Dabei ist unter Δw die Abkürzung verstanden

$$\Delta\, w = \frac{\partial^2 w}{\partial r^2} + \frac{1}{r}\frac{\partial w}{\partial r} + \frac{1}{r^2}\frac{\partial^2 w}{\partial \alpha^2}.$$

Für die Platte konstanter Dicke ist $\frac{dN}{dr} = 0$ und man bekommt die bekannte Form der Plattengleichung:

$$\Delta \Delta w = \frac{p}{N}.$$

Über die Randbedingungen ist Folgendes zu bemerken: Am Plattenrande treten die Biegungsmomente m_r und m_t, die Randschermomente m_{rt}, sowie die Querkräfte p_r auf. Nun lassen sich die Randschermomente in bekannter Weise ersetzen durch Ersatzscherkräfte p_r' gemäß der Beziehung[1]

$$p_r' = \frac{\partial m_{rt}}{r\, d\alpha}.$$

Man hat daher für die Stützkräfte am Rande

$$q_r = p_r + \frac{\partial m_{rt}}{r\,\partial \alpha}$$

$$= -N\frac{\partial \Delta w}{\partial r} + (1-\nu) N \frac{\partial}{r\,\partial\alpha}\left(\frac{1}{r}\frac{\partial w}{\partial \alpha}\right) - \frac{dN}{dr}\left(\frac{\partial^2 w}{\partial r^2} + \frac{\nu}{r}\frac{\partial w}{\partial r} + \frac{\nu}{r^2}\frac{\partial^2 w}{\partial \alpha^2}\right).$$

Für die wichtigsten Sonderfälle ergeben sich hiermit folgende Randbedingungen:

I. Rand vollkommen eingespannt:

$$w = 0; \qquad \frac{\partial w}{\partial r} = 0.$$

II. Rand vollkommen frei:

$$m_r = \frac{\partial^2 w}{\partial r^2} + \nu\left(\frac{1}{r}\frac{\partial w}{\partial r} + \frac{1}{r^2}\frac{\partial^2 w}{\partial \alpha^2}\right) = 0,$$

$$q = \frac{\partial \Delta w}{\partial r} + (1-\nu)\frac{\partial}{r\,\partial \alpha}\left(\frac{1}{r}\frac{\partial w}{\partial \alpha}\right) = 0,$$

III. Rand frei aufgestützt, Randkurve eben:

$$w = 0; \qquad m_r = \frac{\partial^2 w}{\partial r^2} + \frac{\nu}{r}\frac{\partial w}{\partial r} = 0.$$

Da in den erwähnten Fällen nirgends eine Ableitung von N nach r vorkommt, so ergibt sich, daß sich die Randbedingungen genau in derselben Form anschreiben lassen, wie bei den Platten konstanter Dicke.

Es soll nun die einschränkende Voraussetzung gemacht werden, daß die Belastung ebenfalls kreissymmetrisch sei. Dann hängt p nur von r ab und auch die Durchbiegungen w werden kreissymmetrisch, d. h. alle Ableitungen von w nach α verschwinden und

[1] Vgl. **Nádai, A.**: Elastische Platten **S. 33ff.** u. S. 193.

man hat, wenn unter Δw jetzt die Abkürzung für $\frac{d^2 w}{d r^2} + \frac{1}{r}\frac{d w}{d r}$ verstanden wird, die Beziehung

$$N \Delta \Delta w + \frac{dN}{dr}\left(2\frac{d^3 w}{dr^3} + \frac{2+\nu}{r}\frac{d^2 w}{dr^2} - \frac{1}{r^2}\frac{dw}{dr}\right) + \frac{d^2 N}{dr^2}\left(\frac{d^2 w}{dr^2} + \frac{\nu}{r}\frac{dw}{dr}\right) = p$$

oder

$$\frac{1}{r}\frac{d}{dr}\left(r\left[N\frac{d}{dr}\left(\frac{d^2 w}{dr^2} + \frac{1}{r}\frac{dw}{dr}\right) + \frac{dN}{dr}\left(\frac{d^2 w}{dr^2} + \frac{\nu}{r}\frac{dw}{dr}\right)\right]\right) = p\,. \tag{4}$$

$$\left.\begin{aligned} m_r &= -N\left(\frac{d^2 w}{dr^2} + \frac{\nu}{r}\frac{dw}{dr}\right),\\ m_t &= -N\left(\nu\frac{d^2 w}{dr^2} + \frac{1}{r}\frac{dw}{dr}\right),\\ p_r &= -N\frac{d\Delta w}{dr} + \frac{dN}{dr}\left(\frac{d^2 w}{dr^2} + \frac{\nu}{r}\frac{dw}{dr}\right)\Bigg]\\ &= -\left[N\frac{d}{dr}\left(\frac{d^2 w}{dr^2} + \frac{\nu}{r}\frac{dw}{dr}\right) + \frac{dN}{dr}\left(\frac{d^2 w}{dr^2} + \frac{\nu}{r}\frac{dw}{dr}\right)\right], \end{aligned}\right\} \tag{5}$$

$$m_{rt} = p_t = 0,$$

$$\left.\begin{aligned} \sigma_r &= -\frac{E z}{1-\nu^2}\left(\frac{d^2 w}{dr^2} + \frac{\nu}{r}\frac{dw}{dr}\right),\\ \sigma_t &= -\frac{E z}{1-\nu^2}\left(\nu\frac{d^2 w}{dr^2} + \frac{1}{r}\frac{dw}{dr}\right). \end{aligned}\right\} \tag{6}$$

Die größten Werte von σ_r bzw. σ_t bekommt man für $z = \pm\frac{h}{r}$ zu

$$\left.\begin{aligned} \sigma_r &= (\mp)\frac{E h}{2(1-\nu^2)}\left(\frac{d^2 w}{dr^2} + \frac{\nu}{r}\frac{dw}{dr}\right) = (\pm)\, m_r : \frac{h^2}{6},\\ \sigma_t &= (\mp)\frac{E h}{2(1-\nu^2)}\left(\nu\frac{d^2 w}{dr^2} + \frac{1}{r}\frac{dw}{dr}\right) = (\pm)\, m_t : \frac{h^2}{6}. \end{aligned}\right\} \tag{7}$$

Die Gleichung (4) läßt sich sofort einmal integrieren und man erhält, wenn man mit $\varphi = \frac{dw}{dr}$ die Neigung der elastischen Fläche einführt,

$$N\frac{d}{dr}\left(\frac{d\varphi}{dr} + \frac{\varphi}{r}\right) + \frac{dN}{dr}\left(\frac{d\varphi}{dr} + \nu\frac{\varphi}{r}\right) = \frac{1}{r}\left[\int_{r_i}^{r} p r\, dr + C_i\right]. \tag{8a}$$

Die Bedeutung der Integrationskonstanten C_i ergibt sich, wenn wir Gleichung (8a) für den Innenrand (der mit einem kreisförmigen Loch versehenen Platte) anschreiben. Es kommt unter Berücksichtigung von (5)

$$\left[N\frac{d}{dr}\left(\frac{d\varphi}{dr} + \frac{\varphi}{r}\right) + \frac{dN}{dr}\left(\frac{d\varphi}{dr} + \nu\frac{\varphi}{r}\right)\right]_{r=r_i} = -p_{ri} = \frac{1}{r_i}C_i,$$

$$C_i = -r_i p_{ri}.$$

Führen wir mit $P_i = 2\pi r_i p_{ri}$ die gesamte Auflagerkraft (positiv von unten nach oben gerechnet) ein, so wird

$$C_i = -\frac{P_i}{2\pi}. \tag{9a}$$

Ganz entsprechend können wir, wenn wir die Auflagerkraft

$$P_{ra} = -2\pi r_a p_{ra}$$

einführen, die Differentialgleichung der elastischen Platte in folgender Form schreiben:

$$N\frac{d}{dr}\left(\frac{d\varphi}{dr} + \frac{\varphi}{r}\right) + \frac{dN}{dr}\left(\frac{d\varphi}{dr} + \nu\frac{\varphi}{r}\right) = \frac{1}{r}\left[\int_{r_a}^{r} pr\,dr + C_a\right], \tag{8b}$$

$$C_a = -r_a p_{ra} = +\frac{P_a}{2\pi}. \tag{9b}$$

Das Problem der Plattenbiegung läßt sich also in diesem Falle auf eine lineare Differentialgleichung zweiter Ordnung zurückführen. Die Werte der Konstanten C, sowie die der bei der Integration neu hinzukommenden Integrationskonstanten ergeben sich dabei auf folgende Weise aus den Randbedingungen:

I. Außenrand fest eingespannt, Innenrand vollkommen frei:

$$r = r_i: \quad m_r = \frac{d\varphi}{dr} + \nu\frac{\varphi}{r} = 0; \quad p_{ri} = C_i = 0,$$

$$r = r_a: \quad \varphi = 0.$$

II. Außenrand frei aufliegend, Innenrand vollkommen frei:

$$r = r_i: m_r = \frac{d\varphi}{dr} + \nu\frac{\varphi}{r} = 0; \quad p_{ri} = C_i = 0,$$

$$r = r_a: m_r = \frac{d\varphi}{dr} + \nu\frac{\varphi}{r} = 0.$$

III. Außenrand vollkommen frei, Innenrand fest eingespannt:

$$r = r_i: \varphi = 0,$$

$$r = r_a: m_r = \frac{d\varphi}{dr} + \nu\frac{\varphi}{r} = 0; \quad p_{ra} = C_a = 0.$$

IV. Außenrand vollkommen frei, Innenrand frei aufliegend:

$$r = r_i: m_r = \frac{d\varphi}{dr} + \nu\frac{\varphi}{r} = 0,$$

$$r = r_a: m_r = \frac{d\varphi}{dr} + \nu\frac{\varphi}{r} = 0; \quad p_{ra} = C_a = 0.$$

V. Außenrand fest eingespannt, Innenrand frei aufliegend:

$$r = r_i : m_r = \frac{d\varphi}{dr} + \nu \frac{\varphi}{r} = 0,$$
$$r = r_a : \varphi = 0,$$
$$\int_{r_i}^{r_a} \varphi \, dr = 0.$$

VI. Außenrand frei aufliegend, Innenrand fest eingespannt:

$$r = r_i : \varphi = 0,$$
$$r = r_a : m_r = \frac{d\varphi}{dr} + \nu \frac{\varphi}{r} = 0,$$
$$\int_{r_i}^{r_a} \varphi \, dr = 0.$$

VII. Beide Ränder frei aufliegend:

$$r = r_i : m_r = \frac{d\varphi}{dr} + \nu \frac{\varphi}{r} = 0,$$
$$r = r_a : m_r = \frac{d\varphi}{dr} + \nu \frac{\varphi}{r} = 0,$$
$$\int_{r_i}^{r_a} \varphi \, dr = 0.$$

VIII. Beide Ränder fest eingespannt:

$$r = r_i : \varphi = 0,$$
$$r = r_a : \varphi = 0,$$
$$\int_{r_i}^{r_a} \varphi \, dr = 0$$

Die Durchbiegungen w ergeben sich im Fall I und II zu

$$w = \int_{r_a}^{r} \varphi \, dr,$$

im Fall III und IV zu

$$w = \int_{r_i}^{r} \varphi \, dr;$$

im Fall V bis VIII lassen sie sich gemäß

$$w = \int_{r_a}^{r} \varphi \, dr \qquad \text{oder} \qquad w = \int_{r_i}^{r} \varphi \, dr$$

berechnen.

Ist eine Platte ohne Bohrung vorgelegt, so ist folgendes zu berücksichtigen. Zunächst ist für den Plattenmittelpunkt $r = 0$ auch $\varphi = 0$. Dann gilt für das Gleichgewicht eines jeden kreisförmig begrenzten, mit dem äußeren Rande konzentrischen Teiles der Platte, die außer der kontinuierlichen Belastung p in der Mitte noch eine Einzellast P tragen soll,

$$P + 2\pi\int_0^r p\,r\,dr + 2\pi\,r\,p_r = 0$$

oder

$$p_r = -\frac{1}{r}\left[\int_0^r p\,r\,dr + \frac{P}{2\pi}\right].$$

Die Konstante C in (8a) wird daher $C_0 = \frac{P}{2\pi}$, und Gleichung (8a) läßt sich schreiben

$$N\frac{d}{dr}\left(\frac{d\varphi}{dr} + \frac{\varphi}{r}\right) + \frac{dN}{dr}\left(\frac{d\varphi}{dr} + \nu\frac{\varphi}{r}\right) = \frac{1}{r}\left[\int_0^r p\,r\,dr + C_0\right], \tag{8c}$$

$$C_0 = \frac{P}{2\pi}. \tag{9c}$$

Die Randbedingungen lauten nun:

I. Außenrand fest eingespannt:

$$r = 0 : \varphi = 0; \qquad r = r_a : \varphi = 0.$$

II. Außenrand frei aufliegend:

$$r = 0 : \varphi = 0,$$

$$r = r_a : m_r = \frac{d\varphi}{dr} + \frac{\varphi}{r} = 0.$$

Die Durchbiegung w beträgt

$$w = \int_{r_a}^r \varphi\,dr.$$

Um die Gleichungen (8a), (8b) und (8c) auf eine dimensionslose Form zu bringen, sollen folgende Größen eingeführt werden:

$$x = \frac{r}{a}, \tag{10a}$$

wo a der Außenradius der Platte ist;

$$y = \frac{h}{h_0}; \tag{10b}$$

wo h_0 die Plattendicke an einer bestimmten Stelle bedeutet; ferner eine dimensionslose Größe $f_i(x)$ [und analog $f_a(x)$ und $f_0(x)$] durch die Gleichung

$$\frac{x^2}{2}\,p_0\,f_i(x) = \int_{x_i}^x p\,x\,dx = \frac{1}{a^2}\int_{r_i}^r p\,r\,dr, \tag{10c}$$

wo p_0 die Dimension kg/cm² hat; weiter an Stelle der Konstanten C_i in den Gleichungen (8a), (8b), (8c) die Zahl

$$c_i = \frac{2}{p_0} \frac{C_i}{a^2}, \tag{10d}$$

und entsprechend

$$c_a = \frac{2}{p_0} \frac{C_a}{a^2} \quad \text{und} \quad c_o = \frac{2}{p_0} \frac{C_o}{a^2}; \tag{10d}$$

endlich

$$N_0 = \frac{E h_0^3}{12(1-\nu^2)}, \tag{10e}$$

$$q = \frac{6(1-\nu^2) a^3 p_0}{E h_0^3} = \frac{p_0 a^3}{2 N_0}. \tag{10f}$$

Mit diesen Bezeichnungen ergibt sich dann nach einigem Umformen aus den Gleichungen (8a), (8b), (8c)

$$\begin{aligned} &\frac{d^2\varphi}{dx^2} + \left(\frac{1}{x} + \frac{d \log y^3}{dx}\right)\frac{d\varphi}{dx} \\ &\quad - \left(\frac{1}{x^2} - \frac{\nu}{x}\frac{d \log y^3}{dx}\right)\varphi = \frac{q}{x y^3}\left(x^2 f(x) + c\right), \end{aligned} \tag{11}$$

Für den Sonderfall, daß die Flächenbelastung $p = p_0$ konstant ist, wird

$$\left.\begin{aligned} f_i(x) &= 1 - \left(\frac{x_i}{x}\right)^2, \\ f_a(x) &= 1 - \frac{1}{x^2}, \\ f_0(x) &= 1. \end{aligned}\right\} \tag{12}$$

Die Randbedingungen lassen sich mit den Abkürzungen

$$\left.\begin{aligned} \varphi_r &= \frac{d\varphi}{dx} + \nu \frac{\varphi}{x} \\ \varphi_t &= \nu \frac{d\varphi}{dx} + \frac{\varphi}{x} \end{aligned}\right\} \tag{13}$$

in folgender Weise anschreiben:

I. Außenrand fest eingespannt, Innenrand vollkommen frei:

$$\begin{aligned} x &= x_i : \varphi_r = 0; \quad c_i = 0, \\ x &= 1 : \varphi = 0. \end{aligned}$$

II. Außenrand frei aufliegend, Innenrand vollkommen frei:

$$\begin{aligned} x &= x_i : \varphi_r = 0; \quad c_i = 0, \\ x &= 1 : \varphi_r = 0. \end{aligned}$$

III. Außenrand vollkommen frei, Innenrand fest eingespannt:

$$x = x_i : \varphi = 0\,,$$
$$x = 1 : \varphi_r = 0\,; \qquad c_u = 0\,.$$

IV. Außenrand vollkommen frei, Innenrand frei aufliegend:

$$x = x_i : \varphi_r = 0\,,$$
$$x = 1 : \varphi_r = 0\,; \qquad c_a = 0\,.$$

V. Außenrand fest eingespannt, Innenrand frei aufliegend:

$$x = x_i : \varphi_r = 0\,,$$
$$x = 1 : \varphi = 0\,,$$
$$\int_{x_i}^{1} \varphi\, dx = 0\,.$$

VI. Außenrand frei aufliegend, Innenrand fest eingespannt:

$$x = x_i : \varphi = 0\,,$$
$$x = 1 : \varphi_r = 0\,.$$
$$\int_{x_i}^{1} \varphi\, dx = 0\,.$$

VII. Beide Ränder frei aufliegend:

$$x = x_i : \varphi_r = 0\,,$$
$$x = 1 : \varphi_r = 0\,,$$
$$\int_{x_i}^{x} \varphi\, dx = 0\,.$$

VIII. Beide Ränder fest eingespannt:

$$x = x_i : \varphi = 0\,,$$
$$x = x_a : \varphi = 0\,,$$
$$\int_{x_i}^{x} \varphi\, dx = 0\,.$$

Für die Durchbiegungen gilt wieder

$$w = a \int_{1}^{x} \varphi\, dx \quad \text{bzw.} \quad w = a \int_{x_i}^{x} \varphi\, dx\,,$$

je nachdem der Außen- oder Innenrand aufliegt.

Für die Platte ohne Bohrung gilt

$$c_0 = \frac{2\,C_0}{p_0\,a^2} = \frac{P}{\pi\,a^2\,p_0}\,.$$

Die Randbedingungen lauten:

I. Außenrand fest eingespannt:

$$x = 0 : \varphi = 0\,,$$
$$x = 1 : \varphi = 0\,.$$

II. Außenrand frei aufliegend:

$$x = 0 : \varphi = 0\,,$$
$$x = 1 : \varphi_r = 0\,.$$

Die Durchbiegung ist

$$w = a \int_1^x \varphi\,dx\,.$$

Durch die Differentialgleichung (11) und ihre Randbedingungen wird das Problem der Biegung kreissymmetrischer Platten bei kreissymmetrischer Belastung vollkommen beherrscht. Ist die Lösung φ, die den Randbedingungen genügt, gefunden, so erhält man die Werte für die Biegungsmomente, Biegungsspannungen, Querkräfte und Auflagerkräfte mit Hilfe der Gleichungen:

$$\left.\begin{aligned}
m_r &= -\frac{N_0}{a}\,y^3\left(\frac{d\varphi}{dx} + \nu\,\frac{\varphi}{x}\right) &&= -\frac{N_0}{a}\,\psi_r\,,\\
m_t &= -\frac{N_0}{a}\,y^3\left(\nu\,\frac{d\varphi}{dx} + \frac{\varphi}{x}\right) &&= -\frac{N_0}{a}\,\psi_t\\
\text{mit}\quad \psi_r &= y^3\left(\frac{d\varphi}{dx} + \nu\,\frac{\varphi}{x}\right) \quad\text{und} && \psi_t = y^3\left(\nu\,\frac{d\varphi}{dx} + \frac{\varphi}{x}\right);\\
\sigma_{r\max} &= (\mp)\,\frac{6\,N_0}{a\,h_0^2}\,y\left(\frac{d\varphi}{dx} + \nu\,\frac{\varphi}{x}\right) &&= (\mp)\,\frac{6\,N_0}{a\,h_0^2}\,s\,,\\
\sigma_{t\max} &= (\mp)\,\frac{6\,N_0}{a\,h_0^2}\,y\left(\nu\,\frac{d\varphi}{dx} + \frac{\varphi}{x}\right) &&= (\mp)\,\frac{6\,N_0}{a\,h_0^2}\,t\\
\text{mit}\quad s &= y\left(\frac{d\varphi}{dx} + \nu\,\frac{\varphi}{x}\right) \quad\text{und} && t = y\left(\nu\,\frac{d\varphi}{dx} + \frac{\varphi}{x}\right);\\
p_{ri} &= -\frac{C_i}{r_i} = -\frac{a^2\,p_0}{2\,r_i}\,c_i\,, && p_{ra} = -\frac{C_a}{r_a} = -\frac{a\,p_0}{2}\,c_a\,,\\
P_i &= -2\,\pi\,C_i &&= -\pi\,a^2\,p_0\,c_i\,,\\
P_a &= +2\,\pi\,C_a &&= +\pi\,a^2\,p_0\,c_a\,.
\end{aligned}\right\}\quad(14)$$

Die allgemeine Lösung der Gleichung (11) läßt sich stets darstellen in der Form

$$\varphi = a\varphi_1 + b\varphi_2 + q(\varphi_0 + c\varphi_{oc}).$$

Zur Bestimmung der Größen a, b, c erhält man aus den Randbedingungen 3 lineare Gleichungen von der Form

$$\alpha_i a + \beta_i b + \gamma_i (q c) = \delta_i q. \qquad (i = 1, 2, 3)$$

Man erkennt daraus, daß a, b und (qc) linear mit q wachsen, c aber unabhängig von q ist. Daraus folgt unmittelbar, daß auch φ, φ_r und φ_t linear von q abhängen. Man erkennt daraus mit Hilfe der Beziehungen (14), daß

m_r und m_t linear wachsen mit $a^2 p_0$,

σ_r und σ_t linear wachsen mit $\frac{p_0 a^2}{h_0^2}$,

p_r linear wächst mit $a p_0$,

P_i und P_a linear wachsen mit $a^2 p_0$,

φ linear wächst mit $\frac{1-\nu^2}{E}\frac{p_0 a^3}{h_0^3}$,

w linear wächst mit $\frac{1-\nu^2}{E}\frac{p_0 a^4}{h_0^3}$.

Hat man daher Versuchsergebnisse für eine bestimmte Platte, so lassen sich diese mit Hilfe obiger Beziehungen auf eine andere Platte von anderem Material und anderen Dimensionen übertragen, wenn nur beide Platten geometrisch ähnliche Profile und ähnliche Belastungsverteilungen aufweisen.

Zuletzt möge noch der Ausdruck für die Formänderungsarbeit einer kreisförmigen Platte bei kreissymmetrischer Belastung aufgestellt werden. Für die Formänderungsarbeit einer Platte gleicher Dicke gilt bei Verwendung von rechtwinkeligen Koordinaten

$$A = N\iint\left[\frac{(\Delta w)^2}{2} - (1-\nu)\left(\frac{\partial^2 w}{\partial x^2}\frac{\partial^2 w}{\partial y^2} - \left(\frac{\partial^2 w}{\partial x\,\partial y}\right)^2\right)\right]dx\,dy.$$

Dieser Ausdruck läßt sich ohne weiteres auf Platten nicht konstanter Dicke anwenden, wenn man die jetzt veränderliche Biegungssteifigkeit N hinter das Integralzeichen setzt. Führt man zugleich Zylinderkoordinaten ein, so wird[1]

[1] Siehe Stodola, A.: Dampf- und Gasturbinen, 5. Aufl., S. 906. Berlin: Julius Springer 1922.

$$A = \iint N\left[\frac{(\varDelta w)^2}{2} - (1-\nu)\left\{\frac{1}{r}\frac{\partial^2 w}{\partial r^2}\left(\frac{\partial w}{\partial r} + \frac{1}{r}\frac{\partial^2 w}{\partial \alpha^2}\right) - \left(\frac{\partial}{\partial r}\left(\frac{1}{r}\frac{\partial w}{\partial \alpha}\right)\right)^2\right\}\right] r\,dr.$$

Ist die Belastung wieder kreissymmetrisch, so vereinfacht sich der Ausdruck zu

$$A = 2\pi \int_{r_i}^{r_a} N\left[\frac{(\varDelta w)^2}{2} - (1-\nu)\frac{1}{r}\frac{d^2 w}{dr^2}\frac{dw}{dr}\right] r\,dr.$$

Es läßt sich nun mit Hilfe des Satzes vom Minimum der Formänderungsarbeit die Biegungsgleichung ableiten. Erteilt man der Durchbiegung w die Variation δw, so leisten die äußeren Kräfte dabei die Arbeit

$$2\pi \int p\,r\,dr\,\delta w + P\cdot\delta w,$$

wo P eine im Mittelpunkt der Platte angreifende Einzellast bedeutet. Vorausgesetzt dabei ist, daß entweder die Plattenränder aufgelagert sind oder daß keine äußeren Kräfte am Rande wirken. Diese Arbeit muß nun gleich der Änderung der Formänderungsarbeit bei der Variation δw sein, d. h. man hat

$$\delta A = 2\pi \int_{r_i}^{r_a} p\,r\,dr\,\delta w + P\,\delta w$$

oder

$$\int_{r_i}^{r_a} \frac{\delta A}{2\pi} - \int_{r_i}^{r_a} p\,r\,dr\,\delta w - P\,\delta w = 0\,.$$

Für $\frac{\partial A}{2\pi}$ läßt sich aber, wenn man berücksichtigt, daß

$$\delta\frac{d^2 w}{dr^2} = \frac{d^2\,\delta w}{dr^2}$$

und

$$\delta\frac{dw}{dr} = \frac{d\,\delta w}{dr}$$

ist, schreiben

$$\frac{\delta A}{2\pi} = \int_{r_i}^{r_a} N\left[r\,\varDelta w - (1-\nu)\frac{dw}{dr}\right]\frac{d^2\,\delta w}{dr^2}\,dr$$

$$+ \int_{r_i}^{r_a} N\left[\varDelta w - (1-\nu)\frac{d^2 w}{dr^2}\right]\frac{d\,\delta w}{dr}\,dr\,.$$

Das erste Integral kann man durch partielle Integration, wie folgt, umformen:

$$\int_{r_i}^{r_a} N\left[r\,\Delta w - (1-\nu)\frac{dw}{dr}\right]\frac{d^2\delta w}{dr^2}\,dr$$

$$= N\left[r\,\Delta w - (1-\nu)\frac{dw}{dr}\right]\delta\left(\frac{dw}{dr}\right)\Bigg|_{r_i}^{r_a}$$

$$-\int_{r_i}^{r_a}\left[N\left(r\frac{d\,\Delta w}{dr} + \Delta w - (1-\nu)\frac{d^2w}{dr^2}\right) + \frac{dN}{dr}\left(r\,\Delta w - (1-\nu)\frac{dw}{dr}\right)\right]\frac{d\,\delta w}{dr}\,dr$$

$$= N r\left(\frac{d^2w}{dr^2} + \frac{\nu}{r}\frac{dw}{dr}\right)\delta\left(\frac{dw}{dr}\right)\Bigg|_{r_i}^{r_a}$$

$$-\left[N\left(r\frac{d\Delta w}{dr} + \Delta w - (1-\nu)\frac{d^2w}{dr^2}\right) + \frac{dN}{dr}\left(r\,\Delta w - (1-\nu)\frac{dw}{dr}\right)\right]\delta w\Bigg|_{r_i}^{r_a}$$

$$+\int_{r_i}^{r_a}\left[N\left(r\frac{d^2\Delta w}{dr^2} + 2\frac{d\Delta w}{dr} - (1-\nu)\frac{d^3w}{dr^3}\right)\right.$$

$$\left.+\frac{dN}{dr}\left(2r\frac{d\Delta w}{dr} + 2\,\Delta w - 2(1-\nu)\frac{d^2w}{dr^2}\right) + \frac{d^2N}{dr^2}\left(r\Delta w - (1-\nu)\frac{dw}{dr}\right)\right]\delta w\,dr\,.$$

In derselben Weise läßt sich das zweite Integral behandeln und es wird

$$\int_{r_i}^{r_a} N\left(\Delta w - (1-\nu)\frac{d^2w}{dr^2}\right)\frac{d\delta w}{dr} = \left[N\left(\Delta w - (1-\nu)\frac{d^2w}{dr^2}\right)\delta w\right]_{r_i}^{r_a}$$

$$-\int_{r_i}^{r_a}\left[N\left(\frac{d\Delta w}{dr} - (1-\nu)\frac{d^3w}{dr^3}\right) + \frac{dN}{dr}\left(\Delta w - (1-\nu)\frac{d^2w}{dr^2}\right)\right]\delta w\,dr\,.$$

Man hat also für $\frac{\delta A}{2\pi}$ den Ausdruck

$$\frac{\delta A}{2\pi} = \int_{r_i}^{r_a}\left[N\,\Delta\,\Delta\,w + \frac{dN}{dr}\left(2\frac{d^3w}{dr^3} + \frac{2+\nu}{r}\frac{d^2w}{dr^2} - \frac{1}{r^2}\frac{dw}{dr}\right)\right.$$

$$\left.+\frac{d^2N}{dr^2}\left(\frac{d^2w}{dr^2} + \frac{\nu}{r}\frac{dw}{dr}\right)\right] r\,\delta w\,dr + \left[N r\left(\frac{d^2w}{dr^2} + \frac{\nu}{r}\frac{dw}{dr}\right)\delta\left(\frac{dw}{dr}\right)\right]_{r_i}^{r_a}$$

$$-\,r\left[N\frac{d\Delta w}{dr} + \frac{dN}{dr}\left(\frac{d^2w}{dr^2} + \frac{\nu}{r}\frac{dw}{dr}\right)\right]\delta w\Bigg|_{r_i}^{r_a}.$$

Setzt man diesen Ausdruck in

$$\frac{\delta A}{2\pi} - \int_{r_i}^{r_a} p\, r\, \delta w\, dr - \frac{P}{2\pi}\delta w = 0$$

ein und berücksichtigt, gemäß (5), daß

$$m_r = -N\left[\frac{d^2 w}{dr^2} + \frac{\nu}{r}\frac{dw}{dr}\right],$$

$$p_r = -N\frac{d\Delta w}{dr} - \frac{dN}{dr}\left(\frac{d^2 w}{dr^2} + \frac{\nu}{r}\frac{dw}{dr}\right),$$

so erhält man als Biegungsgleichung die oben auf anderem Wege hergeleitete Biegungsgleichung der Platte:

$$N\Delta\Delta w + \frac{dN}{dr}\left(2\frac{d^3 w}{dr^3} + \frac{2+\nu}{r}\frac{d^2 w}{dr^2} - \frac{1}{r^2}\frac{dw}{dr}\right) + \frac{d^2 N}{dr^2}\left(\frac{d^2 w}{dr^2} + \frac{\nu}{r}\frac{dw}{dr}\right) = p.$$

Die Randbedingungen ergeben sich für die Platte mit Bohrung (also $P = 0$) aus

$$m_r\,\delta\frac{dw}{dr}\Big|_{r_i}^{r_a} = m_r\,\delta\varphi\Big|_{r_i}^{r_a} = 0,$$

$$p_r\,\delta w\Big|_{r_i}^{r_a} = 0,$$

d. h. auf jedem Rande muß entweder m_r oder $\varphi = 0$ sein und ebenso muß entweder p_r oder w verschwinden.

Ist die Platte ohne Bohrung, so folgt aus

$$\left(r\,p_r - \frac{P}{2\pi}\right)\delta w\Big|_{0}^{r_a} = 0,$$

daß für $r = 0$ die Größe p_r wie $\frac{P}{2r\pi}$ unendlich wird, da δw nicht verschwindet. Ferner muß wieder aus Symmetriegründen im Mittelpunkt $\varphi = 0$ sein, während am Plattenrand neben w entweder φ oder m_r verschwinden muß, je nachdem die Platte eingespannt ist oder frei aufliegt.

Zum Schluß möge noch darauf hingewiesen werden, daß die Plattengleichung abgeleitet wurde unter der Voraussetzung, daß die Platte symmetrisch ist zu einer Ebene, die als die Mittelebene der Platte bezeichnet wurde. Da wir uns aber immer auf Platten beschränken, deren Dicke klein gegenüber ihren übrigen Abmessungen ist, so lassen sich die Entwicklungen dieses Abschnittes auch auf solche Platten übertragen, die keine Symmetrieebene besitzen.

2. Integration der Biegungsgleichung bei kreissymmetrischer Belastung.

Im folgenden beschränken wir uns auf den Fall, daß die **Belastung kreissymmetrisch** ist. Die Biegungsgleichung läßt sich dann zurückführen auf die Form (11) von S. 13:

$$\frac{d^2\varphi}{dx^2}+\left(\frac{1}{x}+\frac{d\log y^3}{dx}\right)\frac{d\varphi}{dx}-\left(\frac{1}{x^2}-\frac{\nu}{x}\frac{d\log y^3}{dx}\right)\varphi=\frac{q}{xy^3}\left(x^2 f(x)+c\right).$$

Wir wählen für das Profil y den Ansatz

$$y=x^{\frac{A_0}{3}}\,e^{\sum\limits_{\lambda=1}^{\infty}\frac{A_\lambda}{3}\frac{x^\lambda}{\lambda}},$$

mittels dessen sich wohl die meisten praktisch vorkommenden Profile darstellen lassen. Setzt man

$$\frac{d\log y^3}{dx}=\sum_{\lambda=0}^{\infty}A_\lambda x^{\lambda-1}$$

in die Differentialgleichung ein, so kommt, wenn man sich zunächst auf die homogene Gleichung ohne zweiten Teil beschränkt und mit x^2 erweitert,

$$x^2\frac{d^2\varphi}{dx^2}+x\left(1+\sum_0^{\infty}A_\lambda x^\lambda\right)\frac{d\varphi}{dx}-\left(1-\nu\sum_0^{\infty}A_\lambda x^\lambda\right)\varphi=0.$$

Macht man einen Lösungsansatz mit

$$\varphi=x^\varrho\sum_{i=0}^{\infty}a_i x^i,$$

so wird

$$\varphi=x^\varrho\sum_{i=0}^{\infty}a_i x^i,$$

$$x\frac{d\varphi}{dx}=x^\varrho\sum_{i=0}^{\infty}(\varrho+i)\,a_i x^i,$$

$$x^2\frac{d^2\varphi}{dx^2}=x^\varrho\sum_{i=0}^{\infty}(\varrho+i)(\varrho+i-1)\,a_i x^i,$$

$$x\frac{d\varphi}{dx}\sum_0^{\infty}A_\lambda x^\lambda=x^\varrho\sum_{\lambda=0}^{\infty}\sum_{i=0}^{\infty}(\varrho+i)\,A_\lambda a_i x^{i+\lambda},$$

$$\nu\varphi\sum_0^{\infty}A_\lambda x^\lambda=x^\varrho\sum_{\lambda=0}^{\infty}\sum_{i=0}^{\infty}\nu\,A_\lambda a_i x^{i+\lambda}.$$

Es muß also gelten

$$x^\varrho\sum_{i=0}^{\infty}(\varrho+i+1)(\varrho+i-1)a_i x^i+x^\varrho\sum_{\lambda=0}^{\infty}\sum_{i=0}^{\infty}(\varrho+i+\nu)A_\lambda a_i x^{i+\lambda}=0.$$

Setzt man $i+\lambda=n$ oder $\lambda=n-i$, wobei i nie größer als n werden darf, da negative λ nicht vorkommen, so läßt sich für obigen Ausdruck auch schreiben

$$x^{\varrho}\sum_{n=0}^{\infty}\sum_{i=0}^{n}[(\varrho+i+\nu)A_{n-i}\,a_i+(\varrho+n+1)(\varrho+n-1)a_n]\,x^n=0.$$

Diese nach Potenzen von x fortschreitende Reihe verschwindet aber dann und nur dann für jedes x, wenn die Koeffizienten der einzelnen Potenzen gleich Null sind. Es gilt daher

$$\sum_{i=0}^{n}(\varrho+i+\nu)A_{n-i}\,a_i+(\varrho+n+1)(\varrho+n-1)a_n=0$$
$$(n=0,1,2,3,\ldots).$$

Schreibt man die Gleichung für $n=0$ an, so wird, da a_0 nicht verschwinden darf, wenn nicht die ganze Lösung identisch Null sein soll

$$(\varrho+\nu)A_0+(\varrho+1)(\varrho-1)=0$$

oder

$$\varrho^2+A_0\varrho-(1-\nu A_0)=0.$$

Daraus erhält man für ϱ die beiden Werte

$$\varrho_1=-\frac{A_0}{2}+\sqrt{\frac{A_0^2}{4}+(1-\nu A_0)},$$

$$\varrho_2=-\frac{A_0}{2}-\sqrt{\frac{A_0^2}{4}+(1-\nu A_0)}.$$

Führt man nur zur Abkürzung ein

$$f_0(\varrho)\equiv(\varrho+1)(\varrho-1)+(\varrho+\nu)A_0,$$

so hat man zur Berechnung der Koeffizienten a_n das Gleichungssystem

$$(\varrho+\nu)A_1a_0+f_0(\varrho+1)a_1=0,$$
$$(\varrho+\nu)A_2a_0+(\varrho+\nu+1)A_1a_1+f_0(\varrho+2)a_2=0,$$
$$\cdots\cdots\cdots\cdots\cdots\cdots\cdots\cdots\cdots$$
$$(\varrho+\nu)A_na_0+(\varrho+\nu+1)A_{n-1}a_1+\cdots+f_0(\varrho+n)\cdot a_n=0.$$

Daraus lassen sich, wenn a_0 (als Integrationskonstante) beliebig angenommen wird, sowohl für $\varrho=\varrho_1$ als auch für $\varrho=\varrho_2$ die Koeffizienten a_n berechnen und man erhält so zwei Fundamentallösungen der Biegungsgleichung. Für den Koeffizienten a_n läßt sich der Ausdruck anschreiben

$$a_n=\frac{a_0\,\Delta_n(\varrho)}{f_0(\varrho+1)\,f_0(\varrho+2)\ldots f_0(\varrho+n)}, \tag{15}$$

wo

$$(-1)^n \Delta_n(\varrho) =$$

$$\begin{vmatrix} (\varrho+\nu)A_1 & f_0(\varrho+1) & 0 & 0 & 0 \\ (\varrho+\nu)A_2 & (\varrho+\nu+1)A_1 & f_0(\varrho+2) & . & 0 & 0 \\ \cdot & \cdot & \cdot & \cdot & \cdot & \cdot \\ (\varrho+\nu)A_{n-1} & (\varrho+\nu+1)A_{n-2} & (\varrho+\nu+2)A_{n-3} & . & (\varrho+\nu+n-2)A_1 & f_0(\varrho+n-1) \\ (\varrho+\nu)A_n & (\varrho+\nu+1)A_{n-1} & (\varrho+\nu+2)A_{n-2} & . & (\varrho+\nu+n-2)A_2 & (\varrho+\nu+n-1)A_1 \end{vmatrix} \qquad (16)$$

Zu dieser Entwicklung ist noch folgendes zu bemerken: Wenn sich die Wurzeln ϱ_1 und ϱ_2 um eine ganze Zahl unterscheiden (beispielsweise für $A_0 = 0$), so kann es vorkommen, daß die Koeffizienten a_n teilweise unendlich groß werden. In diesem Fall bleibt die Lösung φ_1, die zu dem größeren Wert ϱ_1 gehört, bestehen, für die zweite Lösung φ_2 hat man

$$\varphi_2 = x^{\varrho_2} \sum_{n=0}^{n=\infty} \left(\frac{\partial a_n}{\partial \varrho} + a_n \lg x \right)_{\varrho=\varrho_2} x^n .$$

Die Bedingung dafür, daß die Koeffizienten teilweise unendlich groß werden, also eine logarithmenbehaftete Lösung auftritt, ist[1]

$$\Delta_n(\varrho) \neq 0$$

$$\text{für} \quad n = \varrho_1 - \varrho_2 \qquad \text{und} \qquad \varrho = \varrho_2 .$$

Für die allgemeine Lösung der Differentialgleichung mit zweitem Teil erhält man schließlich, wenn $F(x) = \frac{q}{x y^3}(x^2 f(x) + c)$ gesetzt wird und φ_1, φ_2 die beiden zu c_1, c_2 gehörenden partikulären Integrale bedeuten,

$$\varphi = A\varphi_1 + B\varphi_2 + \varphi_1 \int \frac{\varphi_2 F(x)\,dx}{\varphi'_1 \varphi_2 - \varphi_1 \varphi'_2} - \varphi_2 \int \frac{\varphi_1 F(x)\,dx}{\varphi'_1 \varphi_2 - \varphi_1 \varphi'_2} ;$$

hierbei sind A und B (außer a_0) noch zwei Integrationskonstanten.

Setzt man speziell $A_0 = -3\lambda$; $A_1 = A_2 = A_3 = \cdots = 0$, so bekommt man für das Sonderprofil $y = x^{-\lambda}$

$$\varrho_1 = \frac{3}{2}\lambda + \sqrt{\frac{9}{4}\lambda^2 + (1 - 3\nu\lambda)},$$

$$\varrho_2 = \frac{3}{2}\lambda - \sqrt{\frac{9}{4}\lambda^2 + (1 - 3\nu\lambda)},$$

$$a_1 = a_2 = a_3 = \cdots = 0 .$$

Ferner wird

$$\frac{q}{x y^3} (x^2 f(x) + c) = q\, x^{3\lambda - 1} (x^2 f(x) + c) .$$

Die allgemeine Lösung läßt sich daher in folgender Form anschreiben

$$\varphi = A x^{\varrho_1} + B x^{\varrho_2}$$

$$+ \frac{q}{\varrho_1 - \varrho_2} \left\{ x^{\varrho_1} \int x^{3\lambda - \varrho_1} (x^2 f(x) + c)\,dx - x^{\varrho_2} \int x^{3\lambda - \varrho_2} (x^2 f(x) + c)\,dx \right\}.$$

[1] Hort, W.: Die Differentialgleichungen des Ingenieurs, 2. Aufl. 1925, S. 158. Berlin: Julius Springer.

Weiter wird

$$\varphi_r = A(\varrho_1 + \nu)\, x_1^{\varrho_1 - 1} + B(\varrho_2 + \nu)\, x^{\varrho_2 - 1} + \varphi_{or},$$

$$\varphi_t = A(1 + \nu\,\varrho_1)\, x^{\varrho_2 - 1} + B(1 + \nu\,\varrho_2)\, x^{\varrho_2 - 1} + \varphi_{ot},$$

wo

$$\varphi_{or} = \frac{q}{\varrho_1 - \varrho_2}\Big[(\varrho_1 + \nu)\, x^{\varrho_1 - 1}\int x^{3\lambda - \varrho_1}(x^2 f(x) + c)\, dx - (\varrho_2 + \nu)\, x^{\varrho_2 - 1}\int x^{3\lambda - \varrho_2}(x^2 f(x) + c)\, dx\Big],$$

$$\varphi_{ot} = \frac{q}{\varrho_1 - \varrho_2}\Big[(1 + \nu\,\varrho_1)\, x^{\varrho_2 - 1}\int x^{3\lambda - \varrho_1}(x^2 f(x) + c)\, dx - (1 + \nu\,\varrho_2)\, x^{\varrho_2 - 1}\int x^{3\lambda - \varrho_2}(x^2 f(x) + c)\, dx\Big].$$

Die Integrale lassen sich in den praktischen Fällen meist leicht auswerten. Soll beispielsweise der Biegungspfeil einer unter dem Einfluß ihres Eigengewichtes sich durchbiegenden Platte (horizontale Dampfturbinenscheibe) ermittelt werden, so wird

$$p = \gamma h = \gamma h_0 y,$$

wo γ das spezifische Gewicht des Plattenmaterials bedeutet, und man bekommt, wenn man die Platte am Außenrand als frei ansieht, gemäß (10)

$$c_a = 0; \quad \frac{x^2}{2} p_0 f_a(x) = \int\limits_1^x p x\, dx = \gamma h_0 \int\limits_1^x x^{1-\lambda}\, dx = \frac{\gamma h_0}{2 - \lambda}(x^{2-\lambda} - 1)$$

oder, wenn man $p_0 = \gamma h_0$ setzt,

$$x^2 f_a(x) = \frac{x^{2-\lambda} - 1}{2 - \lambda}.$$

Die in den Ausdrücken für φ, φ_{or} und φ_{ot} auftretenden Integrale lassen sich damit leicht angeben[1].

Macht man schließlich noch die weitere einschränkende Annahme, daß $\lambda = 0$ ist, so erhält man eine Platte konstanter Dicke, und es kommen die bekannten Gleichungen

$$\left.\begin{aligned} \varphi &= A x + \frac{B}{x} + \frac{q}{x}\int x\, dx \int \left(x f(x) + \frac{c}{x}\right) dx \\ &= A x + \frac{B}{x} + \frac{q}{x}\int x\, dx \int x f(x)\, dx + \frac{q c}{2} x \lg x, \\ \varphi_r &= (1 + \nu) A - (1 - \nu)\frac{B}{x^2} + \varphi_{or}, \\ \varphi_t &= (1 + \nu) A + (1 - \nu)\frac{B}{x^2} + \varphi_{ot}. \end{aligned}\right\} \qquad (17)$$

Von der Richtigkeit dieser Lösungen überzeugt man sich leicht durch Einsetzen in die Differentialgleichung. Für eine Platte ohne Bohrung,

[1] Dieser Fall ist behandelt von A. Stodola, Dampf- und Gasturbinen. 5. Aufl. 1922, S. 899ff.

mit gleichmäßig verteilter Flächenbelastung p_0, wird

$$\left.\begin{aligned} f(x) &= 1\,, \\ c &= 0\,, \\ \varphi_0 &= \frac{q}{8}x^3\,, \\ \varphi_{0r} &= \frac{3+\nu}{8}\,q\,x^2\,, \\ \varphi_{0t} &= \frac{1+3\nu}{8}\,q\,x^2\,. \end{aligned}\right| \tag{18}$$

Es ist oben gezeigt worden, wie man für das Profil $y = x^{\frac{A_0}{3}} e^{\sum\limits_{\lambda=1}^{\infty} \frac{A_\lambda}{3} \frac{x^\lambda}{\lambda}}$ die Lösung der Biegungsgleichung findet. Es bleibt nun noch übrig, zu zeigen, wie sich ein beliebig vorgelegtes Profil $y = G(x)$ in obiger Form darstellen läßt.

Es ist immer möglich, von dem gegebenen Profil einen Faktor $x^{\frac{A_0}{3}}$ so abzuspalten, daß

$$g(x) = \frac{G(x)}{x^{\frac{A_0}{3}}}$$

für $x = 0$ weder verschwindet, noch unendlich wird. Da ferner y definiert ist durch

$$y = \frac{h}{h_0}\,,$$

wo h_0 die Scheibendicke an einer beliebig gewählten Stelle bedeutet, so läßt sich ohne Einschränkung der Allgemeinheit stets annehmen, daß

$$g(0) = 1.$$

Entwickelt man nun $\log g(x)$ nach Mac Laurin in eine Reihe, so kommt, da $\log g(0) = \log 1 = 0$ ist,

$$\log g(x) = x\frac{d}{dx}\log g(x)_{x=0} + \frac{x^2}{2!}\frac{d^2}{dx^2}\log g(x)_{x=0} + \cdots + \frac{x^\lambda}{\lambda!}\frac{d^{(\lambda)}}{dx^\lambda}\log g(x)_{x=0}\,.$$

Andererseits soll aber gelten

$$\log g(x) = \sum \frac{A_\lambda}{3}\frac{x^\lambda}{\lambda}\,.$$

Man findet daher durch Koeffizientenvergleichung

$$A_1 = 3\frac{d}{dx}\log g(x)_{x=0} = 3\,\frac{g'(0)}{g(0)} = 3\,g'(0)\,,$$

$$A_2 = 3\frac{d^2}{dx^2}\log g(x)_{x=0} = 3\,(g''(0) - [g'(0)]^2)\,.$$

. . . .

$$A_\lambda = \frac{3}{(\lambda-1)!}\frac{d^{(\lambda)}}{dx^\lambda}\log g(x)_{x=0}\,.$$

Beispielsweise sei (Abb. 4)

$$y = 1 - cx; \quad c < 1,$$

dann wird

$$g(x) = 1 - cx,$$

$$g'(x) = -c,$$

$$g''(x) = g'''(x) = \cdots = 0,$$

$$\frac{d^{(\lambda)} \log g(x)}{dx^\lambda} = (-1)^{\lambda-1} (\lambda - 1)! \left[\frac{g'(x)}{g(x)}\right]^\lambda,$$

$$\frac{d^\lambda \log g(x)}{dx^\lambda}_{(x=0)} = (-1)^{\lambda-1} (\lambda - 1)! (-c)^\lambda$$

$$= -(\lambda - 1)! c^\lambda.$$

Daraus folgt dann

$$A_\lambda = -3 c^\lambda.$$

Das Profil $y = 1 - cx$ läßt sich also darstellen durch

$$y = e^{-\sum_1^\infty c^\lambda \frac{x^\lambda}{\lambda}}.$$

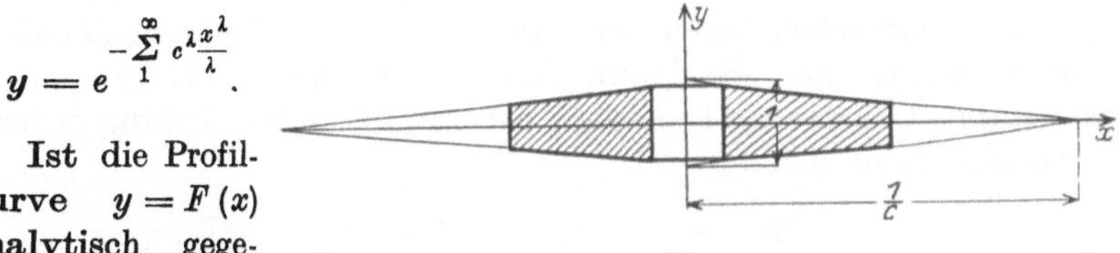

Abb. 4.

Ist die Profilkurve $y = F(x)$ analytisch gegeben, so läßt sich eine solche Entwicklung immer erzwingen. Doch kann die Berechnung der A_1 zuweilen auf Umständlichkeiten führen; es ist dann eine andere Methode vorzuziehen, die auch in Fällen anwendbar ist, wo die Profilkurve etwa nur graphisch gegeben ist. Es handle sich zunächst um eine Platte ohne Bohrung, für diese wird $A_0 = 0$. Man wähle sich n (etwa äquidistante) Punkte

$$x_1, \quad x_2, \ldots, x_n$$

und bestimme die n Koeffizienten $A_1, A_2 \ldots A_n$ aus den n-linearen Gleichungen

$$3 \log y_k = \sum_{\lambda=1}^{n} \frac{A_\lambda}{\lambda} x_k^\lambda. \qquad (k = 1, 2 \ldots, n)$$

Hat die Platte eine Bohrung und weist sie nur geringe Dickenunterschiede auf, so kann man auf dieselbe Weise zum Ziele kommen. Wenn sie sich aber nach einem Rande zu stark verjüngt, kommt man unter Umständen mit weniger Gliedern aus, wenn man sich $n + 1$ (womöglich wieder äquidistante) Punkte

$$x_0, \quad x_1, \ldots, x_n$$

wählt und die Koeffizienten A_0, $A_1 \ldots A_n$ diesmal aus den $(n+1)$ Gleichungen

$$3 \log y_k = A_0 \log x_k + \sum_{\lambda=1}^{n} \frac{A_\lambda}{\lambda} x_k^\lambda \quad (k = 0, 1, 2, \ldots n)$$

bestimmt.

3. Lösung der Biegungsgleichung für das Sonderprofil $y = e^{-\frac{\beta x^2}{6}}$ einer Platte ohne Bohrung bei gleichmäßiger Flächenbelastung $p = p_0$.

Im vorhergehenden Abschnitt wurde gezeigt, wie sich die Biegungsgleichung für ein beliebiges Profil mit Hilfe von Reihenentwicklungen lösen läßt. Einen besonders einfachen Fall stellte das Profil $y = x^{-\lambda}$ dar; hier ließ sich die Biegungsgleichung geschlossen integrieren. Aber auch für solche Profile, die sich wenigstens angenähert durch die Funktion $y = x^{-\lambda}$ darstellen lassen, wird man eine gute Näherungslösung bekommen, wenn man die Profilskurve durch die Kurve $y = x^{-\lambda}$ ersetzt. Unter Umständen kann man dies Profil auch abteilungsweise durch verschiedene Kurven

$$y_1 = x^{-\lambda_1}; \quad y_2 = x^{-\lambda_2} \ldots$$

ersetzen und die einzelnen Lösungen unter Beachtung der Randbedingungen aneinanderfügen. Wie dies zu geschehen hat, wird weiter unten gezeigt werden, wo das vorgelegte Plattenprofil durch Profile mit konstanter Dicke ersetzt wird.

Die Lösung für $y = x^{-\lambda}$ versagt aber im allgemeinen, sobald man es mit Platten ohne Bohrung zu tun hat, da dann für $\lambda \neq 0$ die Plattendicke in der Mitte entweder Null oder unendlich würde. In diesem Fall wird sich aber das Plattenprofil häufig durch die Kurve $y = e^{-\frac{\beta x^2}{6}}$ angenähert darstellen lassen. Im folgenden nun soll die Lösung für dieses Profil unter der Annahme aufgestellt werden, daß die Flächenbelastung p konstant ist. Ein partikuläres Integral für eine beliebige Belastung läßt sich leicht durch graphische Integration finden. Das Profil $y = e^{-\frac{\beta x^2}{6}}$ verjüngt sich bei positivem β nach außen hin; für diese Plattenmitte ist die Scheibendicke

$$h = h_0;$$

am Außenrande beträgt sie

$$h_1 = h_0 e^{-\frac{\beta}{6}}.$$

Für $x = \sqrt{\frac{3}{\beta}}$ hat $y = e^{-\frac{\beta x^2}{6}}$ einen Wendepunkt; die Plattendicke ist dort

$$h = \frac{h_0}{\sqrt{e}} = 0{,}6065\, h_0 .$$

Abb. 5 zeigt das Plattenprofil für $\beta = +4$; in Tabelle 1 und Tafel 1 sind die Profilkurven für

$$\beta = +4,\ +3,\ +2,\ +1,\ 0,\ -1,\ -2,\ -3,\ -4$$

numerisch bzw. graphisch gegeben (S. 34).

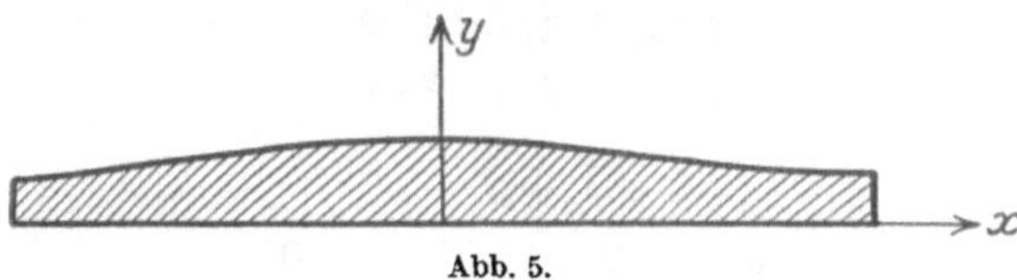

Abb. 5.

Setzt man den Ausdruck $y = e^{-\frac{\beta x^2}{6}}$ in die Biegungsgleichung

$$\frac{d^2\varphi}{dx^2} + \left(\frac{1}{x} + \frac{d \log y^3}{dx}\right)\frac{d\varphi}{dx} - \left(\frac{1}{x^2} - \frac{\nu}{x}\frac{d\log y^3}{dx}\right)\varphi = \frac{q}{x y^3}\left(x^2 f(x) + c\right)$$

ein und berücksichtigt, daß unter den oben erwähnten Voraussetzungen

$$f(x) = 1 \quad \text{und} \quad c = 0 ,$$

so bekommt man

$$\frac{d^2\varphi}{dx^2} + \left(\frac{1}{x} - \beta x\right)\frac{d\varphi}{dx} - \left(\frac{1}{x^2} + \nu\beta\right)\varphi = q\, x\, e^{\frac{\beta x^2}{2}} .$$

Die allgemeine Lösung der homogenen Gleichung liefert der Reihenansatz $\varphi = x^{\varrho} \sum_{n=0}^{\infty} a_n x^n$. Die Koeffizienten a_n und die Größe ϱ bekommt man ohne weiteres aus den Entwicklungen des vorhergehenden Abschnittes, wenn man dort

$$A_2 = -\beta;\ A_0 = A_1 = A_3 = A_4 = \cdots = A_n = 0$$

setzt. Man erhält dann zur Berechnung der Koeffizienten a_n die Rekursionsformel

$$-(\varrho + n - 2 + \nu)\beta a_{n-2} + (\varrho + n + 1)(\varrho + n - 1) a_n = 0,$$

oder

$$a_n = \frac{\beta(\varrho + \nu + n - 2)}{(\varrho + n + 1)(\varrho + n - 1)} a_{n-2} . \tag{19}$$

Da die Enwicklung mit x^{ϱ} beginnen soll, a_0 also nicht verschwinden darf, muß für $n = 0$ gelten

$$(\varrho + 1)(\varrho - 1) = 0 .$$

Daraus ergibt sich

$$\varrho_1 = +1,$$
$$\varrho_2 = -1.$$

Mit $\varrho_1 = +1$ erhält man dann die Rekursionsformel für die Koeffizienten a_n

$$a_n = \frac{\beta(n+\nu-1)}{n(n+2)} a_{n-2}. \tag{19a}$$

Für a_n folgt aus (15) (S. 21)

$$a_n = \frac{a_0 \Delta_n(\varrho_1)}{f_0(\varrho_1+1) f_0(\varrho_1+2) \ldots f_0(\varrho_1+n)}.$$

Dabei ist

$$f_0(n+\varrho)_{\varrho=\varrho_1} = n(n+2),$$

also

$$f_0(\varrho_1+1) = 1\cdot 3,$$
$$f_0(\varrho_1+2) = 2\cdot 4,$$

ferner

$$\Delta_n(\varrho_1) =$$

$$(-)1^n \begin{vmatrix} 0 & 1\cdot 3 & 0 & . & 0 & 0 \\ -(1+\nu)\beta & 0 & 2\cdot 4 & . & 0 & 0 \\ 0 & -(2+\nu)\beta & 0 & . & 0 & 0 \\ \cdot & \cdot & \cdot & \cdot & \cdot & \cdot \\ 0 & 0 & 0 & . & 0 & (n-1)(n+1) \\ 0 & 0 & 0 & . & -(n-1+\nu)\beta & 0 \end{vmatrix}.$$

Diese Determinante verschwindet, wie sich leicht durch Schluß von n auf $(n+1)$ zeigen läßt, für alle ungeraden n, während man für alle geraden Werte

$$\Delta_{2n}(\varrho_1) = (1+\nu)(3+\nu)\ldots(2n-1+\nu)\cdot 1\cdot 3\ldots(2n-1)(2n+1)\beta^n$$

bekommt. Es wird somit

$$a_{2n} = \frac{(1+\nu)(3+\nu)\ldots(2n-1+\nu)}{2\cdot 4\cdot 4\cdot 6\ldots 2n\cdot 2n\cdot(2n+2)}, \tag{20}$$

eine Beziehung, die sich auch direkt aus der Rekursionsformel (19a) durch Schluß von n auf $(n+1)$ gewinnen ließe. Eine zweite Lösung erhält man für $\varrho = \varrho_2$. Da sich nun ϱ_1 und ϱ_2 um eine ganze Zahl unterscheiden, ist zu untersuchen, ob diese Lösung mit einem Logarithmus behaftet ist. Dies ist (s. S. 22) der Fall, wenn

$$\Delta_n(\varrho) \neq 0 \quad \text{für} \quad n = \varrho_1 - \varrho_2 = +1-(-1) = 2$$
$$\text{und} \quad \varrho = \varrho_2 = -1.$$

Nun wird

$$\Delta_2(-1) = \begin{vmatrix} 0 & -1 \\ (1-\nu)\beta & 0 \end{vmatrix} = (1-\nu)\beta.$$

Die Lösung φ_2 der Biegungsgleichung ist folglich hier mit einem Logarithmus behaftet, wird also für $x = 0$ unendlich groß. Da die Platte aber keine Bohrung haben soll, kommt diese Lösung nicht in Betracht; somit ist $\varphi_2 = 0$ zu nehmen; was weiter berechnet wird, ist die Lösung φ_1.

Es sollen zunächst die Koeffizienten a_n auf eine etwas andere Form gebracht werden, die es ermöglicht, den Einfluß der Materialkonstanten ν besser abzuschätzen. Zu diesem Zwecke führen wir die Abkürzungen ein

$$\gamma_n = \frac{(1+\nu)(3+\nu)\dots(2n-1+\nu)}{1\cdot 3\dots(2n+1)} \qquad (n = 1, 2, 3 \dots) \tag{21}$$
$$\gamma_0 = 1,$$

wobei die bei der numerischen Berechnung brauchbare Beziehung gilt

$$\gamma_{n+1} = \frac{2n+1+\nu}{2n+1}\gamma_n, \tag{21a}$$

und

$$\alpha_n = \frac{1\cdot 3\cdot\dots(2n-1)}{2\cdot 2\cdot 4\cdot 4\dots\cdot 2n\cdot 2n(n+1)} = \frac{(2n)!}{2^{3n}(n!)^3(n+1)}, \tag{22}$$

wobei

$$\alpha_{n+1} = \frac{2n+1}{(2n+2)(2n+4)}\alpha_n \tag{22a}$$

ist. Mit diesen Abkürzungen wird

$$a_{2n} = \alpha_n \gamma_n \beta^n a_0.$$

γ_n hängt von dem Plattenmaterial ab, während die übrigen Faktoren unabhängig davon sind. Die Lösung der Differentialgleichung läßt sich jetzt anschreiben zu

$$\varphi_1 = a_0 \sum_0^\infty \alpha_n \gamma_n \beta^n x^{2n+1} \tag{23a}$$

Da

$$\lim_{n\to\infty} \frac{\alpha_{n+1}\gamma_{n+1}\beta^{n+1}}{\alpha_n \gamma_n \beta^n} = \lim_{n\to\infty} \frac{(2n+1+\nu)\beta}{(2n+2)(2n+4)} = 0$$

ist, so konvergiert der Ausdruck (23) für jedes endliche x und für jedes β gleichmäßig. Es ist daher auch erlaubt, diesen Ausdruck zu differenzieren und zu integrieren, und die erhaltenen Werte stellen dann $\frac{d\varphi_1}{dx}$ bzw. $\int \varphi_1\, dx$ dar.

Da

$$\frac{\alpha_{n+1}\gamma_{n+1}\beta^{n+1}}{\alpha_n \gamma_n \beta^n} < \frac{\beta/2}{(n+2)} = q$$

ist, und da φ_1 nur im Intervall $0 \leq x \leq 1$ benötigt wird, so ist der Fehler, wenn die Reihe nach dem Gliede a_{2n} abgebrochen wird, kleiner als

$$\begin{aligned} &a_n x^{2n+1}(q x^2 + q^2 x^4 + \cdots) \\ &= a_n x^{2n+1}\cdot\frac{q x^2}{1-q x^2} \\ &\lesseqgtr a_n x^{2n+1}\cdot\frac{q}{1-q}. \end{aligned}$$

Wählt man weiterhin den in technischen Fällen die Regel bildenden Wert $\nu = 0{,}3$, so erhält man für die ersten 10 Koeffizienten $a'_{2n} = \frac{a_{2n}}{\beta^n}$, wenn a_0 willkürlich $= 1$ gesetzt wird, folgende Zahlen:

$$
\begin{aligned}
a_0 &= 1{,}00000\\
a'_2 &= 1{,}62500 \cdot 10^{-1}\\
a'_4 &= 2{,}23438 \cdot 10^{-2}\\
a'_6 &= 2{,}46712 \cdot 10^{-3}\\
a'_8 &= 2{,}25125 \cdot 10^{-4}\\
a'_{10} &= 1{,}72472 \cdot 10^{-5}\\
a'_{12} &= 1{,}17353 \cdot 10^{-6}\\
a'_{14} &= 6{,}96783 \cdot 10^{-8}\\
a'_{16} &= 3{,}70166 \cdot 10^{-9}\\
a'_{18} &= 1{,}77885 \cdot 10^{-10}\\
a'_{20} &= 7{,}80270 \cdot 10^{-12}\,.
\end{aligned}
$$

Die Koeffizienten b_{2n} und c_{2n} der Reihen

$$\frac{d\varphi_1}{dx} = a_0 \sum_{n=0}^{\infty} (2n+1)\alpha_n \gamma_n \beta^n x^{2n} = a_0 \sum_{n=0}^{\infty} b_{2n} \beta^n x^{2n} \tag{23b}$$

und

$$\int_0^x \varphi_1\, dx = a_0 \sum_{n=0}^{\infty} \frac{\alpha_n \gamma_n \beta^n}{2n+2} x^{2n+2} = a_0 \sum_{n=0}^{\infty} c_{2n} \beta^n x^{2n+2} \tag{23c}$$

lauten dementsprechend:

$b_0 = 1{,}60000$	$c_0 = 5{,}00000 \cdot 10^{-1}$
$b_2 = 4{,}87500 \cdot 10^{-1}$	$c_2 = 4{,}06250 \cdot 10^{-2}$
$b_4 = 1{,}11719 \cdot 10^{-1}$	$c_4 = 3{,}72396 \cdot 10^{-3}$
$b_6 = 1{,}72698 \cdot 10^{-2}$	$c_6 = 3{,}08390 \cdot 10^{-4}$
$b_8 = 2{,}02612 \cdot 10^{-3}$	$c_8 = 2{,}25125 \cdot 10^{-5}$
$b_{10} = 1{,}91919 \cdot 10^{-4}$	$c_{10} = 1{,}45393 \cdot 10^{-6}$
$b_{12} = 1{,}52559 \cdot 10^{-5}$	$c_{12} = 8{,}38235 \cdot 10^{-8}$
$b_{14} = 1{,}04517 \cdot 10^{-6}$	$c_{14} = 4{,}35489 \cdot 10^{-9}$
$b_{16} = 6{,}29282 \cdot 10^{-8}$	$c_{16} = 2{,}05648 \cdot 10^{-10}$
$b_{18} = 3{,}37982 \cdot 10^{-9}$	$c_{18} = 8{,}89426 \cdot 10^{-12}$
$b_{20} = 1{,}63857 \cdot 10^{-10}$	$c_{20} = 3{,}54668 \cdot 10^{-13}$

Für kleinere Werte von β konvergieren die Reihen im Intervall $0 = \leqq x \leqq 1$ recht gut; für höhere Werte von β (etwa von $\beta = 4$ ab) und für $x = 1$ muß eine größere Anzahl von Gliedern berücksichtigt werden.

Es lassen sich übrigens noch andere Reihenentwicklungen für φ angeben, die zwar nicht mehr so übersichtlich gebaut sind, aber unter Umständen besser konvergieren. Setzt man z. B.

$$\varphi = e^{\frac{\lambda x^2}{2}} \sum_{n=0}^{\infty} a_n x^{n+1},$$

so wird $a_1 = a_3 = \ldots a_{2n+1} = 0$, und man erhält für die geraden n die Rekursionsformel

$$n(n+2) a_n + [2\lambda n - \beta(n-1+\nu)] a_{n-2} + \lambda(\lambda - \beta) a_{n-4} = 0.$$

Für $\lambda = \beta$ wird

$$a_n = \frac{-(n+1-\nu)\beta}{n(n+2)} a_{n-2}.$$

Wählt man dagegen

$$\lambda = \frac{1+\nu}{4}\beta,$$

so erreicht man, daß a_2 verschwindet.

Die Werte von

$$\varphi_1, \quad \frac{d\varphi_1}{dx} \quad \text{und} \quad \int_1^x \varphi_1 \, dx$$

sind für $\nu = 0{,}3$ und $\beta = 0, \pm 1, \pm 2, \pm 3$ und ± 4 berechnet worden und in den Tabellen 2 bis 4 zusammengestellt. Die entsprechenden Kurven sind in Tafel 2 bis 4 aufgezeichnet. Kennt man noch ein partikuläres Integral der Biegungsgleichung, so läßt sich die Lösung unter Berücksichtigung der Randbedingungen leicht angeben.

Ist die Belastung p konstant, also $f(x) = 1$, so ist, wie man leicht durch Einsetzen verifizieren kann,

$$\varphi_0 = \frac{q}{(3-\nu)\beta} x e^{\frac{\beta x^2}{2}} \tag{24a}$$

ein Integral der Differentialgleichung

$$\frac{d^2\varphi}{dx^2} + \left(\frac{1}{x} - \beta x\right)\frac{d\varphi}{dx} - \left(\frac{1}{x^2} + \nu\beta\right)\varphi = q x e^{\frac{\beta x^2}{2}}.$$

Man findet ohne weiteres, daß

$$\frac{d\varphi_0}{dx} = \frac{q}{3-\nu}\left(\frac{1}{\beta} + x^2\right) e^{\frac{\beta x^2}{2}} \tag{24b}$$

und

$$\frac{w_0}{a} = \int_1^x \varphi_0 \, dx = \frac{q}{(3-\nu)\beta^2}\left(e^{\frac{\beta x^2}{2}} - e^{\frac{\beta}{2}}\right). \tag{24c}$$

Nun kann die Lösung der Biegungsgleichung vollends leicht gefunden werden. Es ist

$$\varphi = q\left(A\,\varphi_1 + \frac{x}{(3-\nu)\,\beta}\,e^{\frac{\beta x^2}{2}}\right).$$

Belastungsfall I: Platte am Außenrand eingespannt:

$$x = 1 : \varphi = 0\,,$$

$$A_{\mathrm{I}} = -\frac{\frac{1}{(3-\nu)\,\beta}\,e^{\frac{\beta}{2}}}{\varphi_1(1)}\,. \tag{25}$$

Belastungsfall II: Platte am Außenrand frei aufliegend:

$$x = 1 : m_r = \varphi_r = \frac{d\varphi}{dx} + \nu\,\frac{\varphi}{x} = 0\,,$$

$$A_{\mathrm{II}} = -\frac{\frac{1+\nu+\beta}{(3-\nu)\,\beta}\,e^{\frac{\beta}{2}}}{\varphi_{1r}(1)}\,. \tag{26}$$

Für $\nu = 0{,}3$ und $\beta = \pm 4,\ \pm 3,\ \pm 2,\ \pm 1,\ 0$ erhält man folgende Werte der Integrationskonstanten A_{I} bzw. A_{II}:

$\beta =$	4	3	2	1	0
$A_{\mathrm{I}} =$	− 0,3045	− 0,3112	− 0,3500	− 0,5142	− 0,1250
$A_{\mathrm{II}} =$	− 0.4955	− 0,5070	− 0,5480	− 0,7112	− 0,3173

$\beta =$	− 1	− 2	− 3	− 4
$A_{\mathrm{I}} =$	+ 0,2619	+ 0,09109	+ 0,04159	+ 0,02112
$A_{\mathrm{II}} =$	+ 0,07782	− 0,08157	− 0,1164	− 0,1205.

Damit können auch die Werte für φ, $\frac{d\varphi}{dx}$ und $\frac{w}{a} = \int\limits_1^x \varphi\,dx$ leicht berechnet werden; ebenso lassen sich die Werte für

$$\varphi_r = \frac{d\varphi}{dx} + \nu\,\frac{\varphi}{x}$$

und

$$\varphi_t = \frac{d\varphi}{dx} + \frac{\varphi}{x}$$

vollends leicht finden.

Für die Biegungsmomente und Spannungen bekommt man schließlich [s. Gleichung (14), S. 15]

$$
\begin{aligned}
m_r &= -\frac{N_0}{a}\psi_r, & \sigma_r &= -\frac{6\,N}{a\,h_0^2}\,s\,, \\
m_t &= -\frac{N_0}{a}\psi_t, & \sigma_t &= -\frac{6\,N}{a\,h_0^2}\,t\,, \\
\psi_r &= e^{-\frac{\beta x^2}{2}}\left(\frac{d\varphi}{dx}+\nu\frac{\varphi}{x}\right), & s &= e^{-\frac{\beta x^2}{6}}\left(\frac{d\varphi}{dx}+\nu\frac{\varphi}{x}\right), \\
\psi_t &= e^{-\frac{\beta x^2}{6}}\left(\nu\frac{d\varphi}{dx}+\frac{\varphi}{x}\right), & t &= e^{-\frac{\beta x^2}{6}}\left(\nu\frac{d\varphi}{dx}+\frac{\varphi}{x}\right).
\end{aligned}
\tag{27}
$$

Die Werte von $\frac{s}{q}$, $\frac{t}{q}$ und $\frac{w}{a\,q}$ sind in den Tabellen 5 bis 7 für beide Belastungsfälle zusammengestellt und in den Tafeln 5 bis 7 aufgezeichnet. Man erkennt, daß im Belastungsfall II für kleinere positive β das Spannungsmaximum in der Mitte liegt, während es etwa von $\beta = +4$ ab nach außen hin wandert. Für den Biegungsfall ergibt sich

$\beta =$	4	3	2	1	0
I: $\frac{w}{a\,q} =$	0,0801	0,0639	0,0505	0,0398	0,0313
II: $\frac{w}{a\,q} =$	0,2233	0,1944	0,1692	0,1471	0,1273

$\beta =$	-1	-2	-3	-4
I: $\frac{w}{a\,q} =$	0,0246	0,0192	0,0152	0,01195
II: $\frac{w}{a\,q} =$	0,1098	0,0937	0,0791	0,06605.

Ist nun ein beliebiges Plattenprofil gegeben, so zeichnet man dieses affin auf Pauspapier so um, daß die Dicke in der Mitte 1 cm und der Radius 5 cm beträgt, und versucht es mit einer der Kurven $y = e^{-\frac{\beta x^2}{6}}$ in Tafel 1 zur Deckung zu bringen. Ist dies ohne zu große Abweichungen möglich, so läßt sich der Wert β derjenigen Kurve $y = e^{-\frac{\beta x^2}{6}}$ angeben, die sich dem Profil am besten anschmiegt. Unter Umständen ist ein Zwischenwert β durch Interpolation zu bestimmen. Aus den Tafeln und Tabellen 5, 6 und 7 lassen sich dann ohne weiteres die Werte $\frac{s}{q}$, $\frac{t}{q}$ und $\frac{w}{a\,q}$ entnehmen; die endgültigen Werte der Durchbiegungen und Spannungen sind dann

$$
\begin{aligned}
\sigma_{r\,\max} &= (\mp)\,\frac{3\,p_0\,a^2}{h_0^2}\left(\frac{s}{q}\right), \\
\sigma_{t\,\max} &= (\mp)\,\frac{3\,p_0\,a^2}{h_0^2}\left(\frac{s}{q}\right), \\
w &= q\,a\left(\frac{w}{a\,q}\right) = \frac{p_0\,a^4}{2\,N_0}\left(\frac{w}{a\,q}\right) = \frac{6\,p_0\,a^4\,(1-\nu^2)}{E\,h_0^3}\left(\frac{w}{a\,q}\right).
\end{aligned}
$$

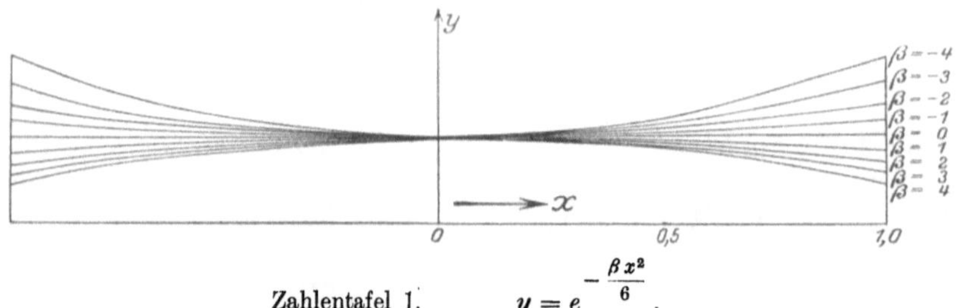

Zahlentafel 1. $y = e^{-\frac{\beta x^2}{6}}$.

β	$x=0,0$	$x=0,1$	$x=0,2$	$x=0,3$	$x=0,4$	$x=0,5$	$x=0,6$	$x=0,7$	$x=0,8$	$x=0,9$	$x=1,0$
4	1,0000	0,9933	0,9736	0,9420	0,8988	0,8465	0,7866	0,7213	0,6526	0,5827	0,5134
3	1,0000	0,9950	0,9802	0,9561	0,9231	0,8825	0,8353	0,7827	0,7261	0,6670	0,6065
2	1,0000	0,9967	0,9868	0,9704	0,9581	0,9201	0,8869	0,8492	0,8078	0,7634	0,7164
1	1,0000	0,9983	0,9933	0,9851	0,9737	0,9692	0,9420	0,9215	0,8988	0,8737	0,8465
0	1,0000	1,0000	1,0000	1,0000	1,0000	1,0000	1,0000	1,0000	1,0000	1,0000	1,0000
−1	1,0000	1,0017	1,0067	1,0151	1,0270	1,0425	1,0618	1,0851	1,1126	1,1445	1,1813
−2	1,0000	1,0033	1,0134	1,0305	1,0547	1,0869	1,1275	1,1774	1,2377	1,3100	1,3956
−3	1,0000	1,0050	1,0202	1,0460	1,0833	1,1331	1,1972	1,2776	1,3771	1,4993	1,6487
−4	1,0000	1,0067	1,0270	1,0618	1,1126	1,1813	1,2712	1,3864	1,5321	1,7160	1,9477

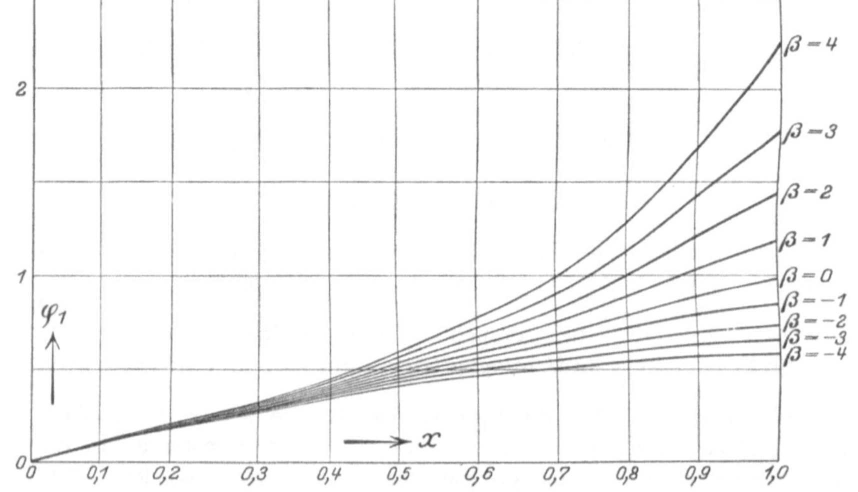

Zahlentafel 2. $\varphi_1 = \sum_0^{\infty} \alpha_n \gamma_n \beta^n x^{2n+1}$ (für $\nu = 0,3$).

β	$x=0,0$	$x=0,1$	$x=0,2$	$x=0,3$	$x=0,4$	$x=0,5$	$x=0,6$	$x=0,7$	$x=0,8$	$x=0,9$	$x=1,0$
4	0,0000	0,1006	0,2053	0,3185	0,4455	0,5938	0,7733	0,9988	1,2926	1,6899	2,2471
3	0,0000	0,1005	0,2040	0,3137	0,4334	0,5678	0,7230	0,9073	1,1322	1,4144	1,7782
2	0,0000	0,1003	0,2026	0,3090	0,4218	0,5436	0,6777	0,8283	1,0004	1,2007	1,4384
1	0,0000	0,1002	0,2013	0,3044	0,4106	0,5210	0,6369	0,7597	0,8911	1,0329	1,1875
0	0,0000	0,1000	0,2000	0,3000	0,4000	0,5000	0,6000	0,7000	0,8000	0,9000	1,0000
−1	0,0000	0,0998	0,1987	0,2957	0,3898	0,4804	0,5666	0,6478	0,7236	0,7936	0,8576
−2	0,0000	0,0997	0,1974	0,2915	0,3801	0,4670	0,5362	0,6071	0,6592	0,7076	0,7478
−3	0,0000	0,0995	0,1962	0,2873	0,3708	0,4449	0,5087	0,5618	0,6046	0,6377	0,6622
−4	0,0000	0,0994	0,1949	0,2833	0,3618	0,4288	0,4835	0,5262	0,5577	0,5795	0,5932

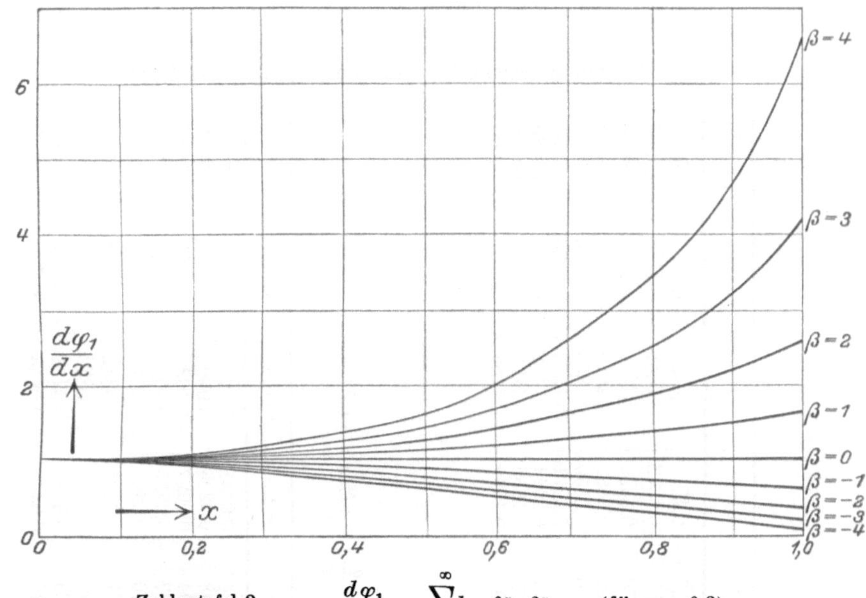

Zahlentafel 3. $\frac{d\varphi_1}{dx} = \sum_{0}^{\infty} b_{2n} \beta^n x^{2n}$ (für $\nu = 0{,}3$).

β	$x=0{,}0$	$x=0{,}1$	$x=0{,}2$	$x=0{,}3$	$x=0{,}4$	$x=0{,}5$	$x=0{,}6$	$x=0{,}7$	$x=0{,}8$	$x=0{,}9$	$x=1{,}0$
4	1,0000	1,0197	1,0809	1,1908	1,3626	1,6187	1,9953	2,5512	3,3832	4,6541	6,6433
3	1,0000	1,0147	1,0601	1,1401	1,2618	1,4364	1,6816	2,0238	2,5035	3,1828	4,1589
2	1,0000	1,0098	1,0397	1,0915	1,1680	1,2740	1,4160	1,6035	1,8494	2,1728	2,5997
1	1,0000	1,0049	1,0193	1,0448	1,0809	1,1291	1,1908	1,2678	1,3626	1,4783	1,6187
0	1,0000	1,0000	1,0000	1,0000	1,0000	1,0000	1,0000	1,0000	1,0000	1,0000	1,0000
−1	1,0000	0,9951	0,9810	0,9570	0,9248	0,8848	0,8382	0,7860	0,7296	0,6701	0,6088
−2	1,0000	0,9903	0,9617	0,9158	0,8549	0,7821	0,7009	0,6148	0,5277	0,4421	0,3608
−3	1,0000	0,9855	0,9431	0,8762	0,7899	0,6905	0,5846	0,4782	0,3768	0,2863	0,2034
−4	1,0000	0,9807	0,9248	0,8382	0,7296	0,6088	0,4857	0,3688	0,2640	0,1749	0,1027

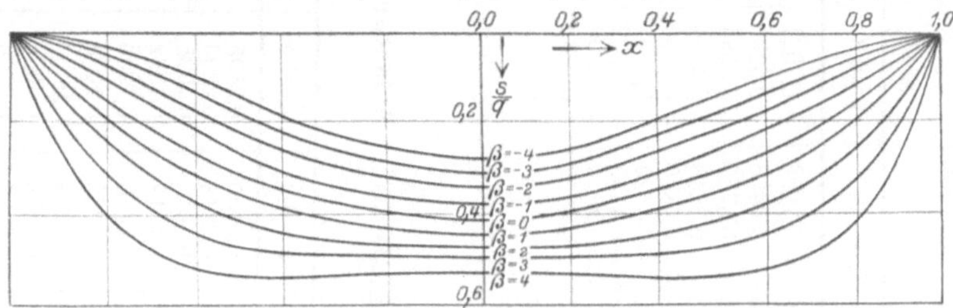

Zahlentafel 5b. Belastungsfall II. $\frac{s}{q} = e^{\frac{-\beta x^2}{6}} \left(\frac{d\varphi}{dx} + \nu \frac{\varphi}{x}\right)$ (für $\nu + 0{,}3$).

β	$x=0{,}0$	$x=0{,}1$	$x=0{,}2$	$x=0{,}3$	$x=0{,}4$	$x=0{,}5$	$x=0{,}6$	$x=0{,}7$	$x=0{,}8$	$x=0{,}9$	$x=1{,}0$
4	0,5238	0,5248	0,5275	0,5312	0,5333	0,5312	0,5164	0,4848	0,4120	0,2690	0,0000
3	0,4986	0,4981	0,4965	0,4925	0,4848	0,4702	0,4442	0,3993	0,3241	0,2006	0,0000
2	0,4716	0,4698	0,4641	0,4616	0,4421	0,4142	0,3775	0,3261	0,2528	0,1485	0,0000
1	0,4430	0,4400	0,4304	0,3951	0,3903	0,3633	0,3177	0,2637	0,1952	0,1086	0,0000
0	0,4125	0,4084	0,3960	0,3754	0,3465	0,3094	0,2640	0,2104	0,1485	0,0784	0,0000
−1	0,3804	0,3752	0,3603	0,3359	0,3030	0,2626	0,2162	0,1650	0,1108	0,0553	0,0000
−2	0,3468	0,3409	0,3239	0,2961	0,2611	0,2196	0,1736	0,1267	0,0806	0,0380	0,0000
−3	0,3117	0,3054	0,2870	0,2578	0,2209	0,1791	0,1359	0,0940	0,0565	0,0250	0,0000
−4	0,2770	0,2703	0,2507	0,2206	0,1836	0,1433	0,1033	0,0675	0,0375	0,0151	0,0000

Zahlentafel 4. $\int_1^x \varphi_1\,dx = \sum_0^\infty c_{2n}\,\beta^n\,x^{2n+2} - \sum_0^\infty c_{2n}\,\beta^n$ (für $\nu = 0{,}3$).

β	$x=0{,}0$	$x=0{,}1$	$x=0{,}2$	$x=0{,}3$	$x=0{,}4$	$x=0{,}5$	$x=0{,}6$	$x=0{,}7$	$x=0{,}8$	$x=0{,}9$	$x=1{,}0$
4	– 0,7495	– 0,7444	– 0,7292	– 0,7031	– 0,6650	– 0,6133	– 0,5457	– 0,4571	– 0,3432	– 0,1952	– 0,0000
3	– 0,6660	– 0,6610	– 0,6458	– 0,6200	– 0,5827	– 0,5328	– 0,4685	– 0,3872	– 0,2856	– 0,1588	– 0,0000
2	– 0,5990	– 0,5940	– 0,5789	– 0,5534	– 0,5169	– 0,4687	– 0,4078	– 0,3326	– 0,2414	– 0,1316	– 0,0000
1	– 0,5447	– 0,5397	– 0,5246	– 0,4994	– 0,4636	– 0,4171	– 0,3592	– 0,2895	– 0,2070	– 0,1109	– 0,0000
0	– 0,5000	– 0,4950	– 0,4800	– 0,4550	– 0,4200	– 0,3750	– 0,3200	– 0,2550	– 0,1800	– 0,0950	– 0,0000
– 1	– 0,4628	– 0,4578	– 0,4429	– 0,4181	– 0,3838	– 0,3403	– 0,2879	– 0,2271	– 0,1585	– 0,0826	– 0,0000
– 2	– 0,4315	– 0,4265	– 0,4116	– 0,3872	– 0,3535	– 0,3114	– 0,2614	– 0,2044	– 0,1412	– 0,0728	– 0,0000
– 3	– 0,4048	– 0,3998	– 0,3840	– 0,3608	– 0,3278	– 0,2870	– 0,2392	– 0,1856	– 0,1272	– 0,0651	– 0,0000
– 4	– 0,3819	– 0,3770	– 0,3622	– 0,3382	– 0,3059	– 0,2662	– 0,2201	– 0,1699	– 0,1157	– 0,0587	– 0,0000

Zahlentafel 5a. Belastungsfall I. $\frac{s}{q} = e^{-\frac{\beta x^2}{6}}\left(\frac{d\varphi}{dx} + \nu\frac{\varphi}{x}\right)$ (für $\nu = 0{,}3$).

β	$x=0{,}0$	$x=0{,}1$	$x=0{,}2$	$x=0{,}3$	$x=0{,}4$	$x=0{,}5$	$x=0{,}6$	$x=0{,}7$	$x=0{,}8$	$x=0{,}9$	$x=1\,0$
4	0,2753	0,2741	0,2700	0,2595	0,2420	0,2118	0,1585	0,0741	– 0,0703	– 0,3119	– 0,7178
3	0,2440	0,2416	0,2343	0,2203	0,1979	0,1629	0,1098	0,0293	– 0,0923	– 0,2768	– 0,5574
2	0,2142	0,2111	0,2016	0,1925	0,1604	0,1226	0,0694	– 0,0027	– 0,1031	– 0,2405	– 0,4300
1	0,1869	0,1833	0,1718	0,1332	0,1250	0,0881	0,0377	– 0,0255	– 0,1052	– 0,2049	– 0,3293
0	0,1625	0,1583	0,1460	0,1253	0,1065	0,0593	0,0140	– 0,0397	– 0,1015	– 0,1717	– 0,2500
– 1	0,1410	0,1365	0,1232	0,1019	0,0729	0,0375	– 0,0031	– 0,0474	– 0,0942	– 0,1413	– 0,1883
– 2	0,1223	0,1176	0,1039	0,0820	0,0536	0,0202	– 0,0150	– 0,0511	– 0,0852	– 0,1155	– 0,1410
– 3	0,1065	0,1016	0,0875	0,0656	0,0381	0,0077	– 0,0229	– 0,0511	– 0,0751	– 0,0931	– 0,1049
– 4	0,0930	0,0879	0,0737	0,0520	0,0258	– 0,0018	– 0,0276	– 0,0492	– 0,0654	– 0,0745	– 0,0775

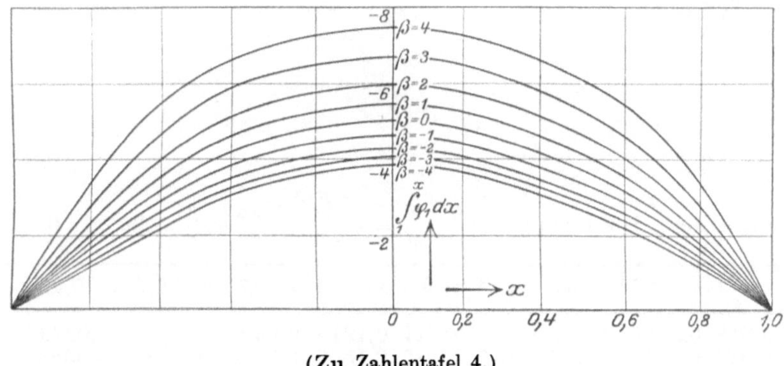

(Zu Zahlentafel 4.)

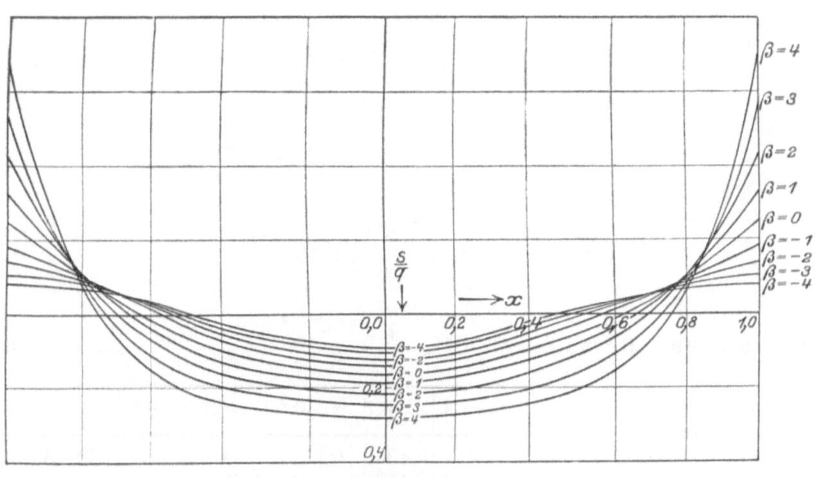

(Zu Zahlentafel 5.)

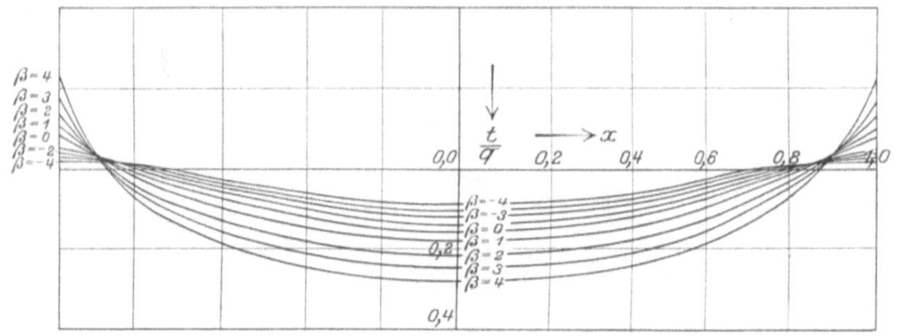

Zahlentafel 6a. Belastungsfall I. $\frac{t}{q} = e^{\frac{-\beta x^2}{6}} \left(\nu \frac{d\varphi}{dx} + \frac{\varphi}{x} \right)$ (für $\nu = 0{,}3$).

β	$x=0{,}0$	$x=0{,}1$	$x=0{,}2$	$x=0{,}3$	$x=0{,}4$	$x=0{,}5$	$x=0{,}6$	$x=0{,}7$	$x=0{,}8$	$x=0{,}9$	$x=1{,}0$
4	0,2753	0,2738	0,2717	0,2599	0,2456	0,2244	0,1915	0,1454	0,0734	− 0,0379	− 0,2154
3	0,2440	0,2422	0,2363	0,2262	0,2107	0,1883	0,1568	0,1126	0,0503	− 0,0388	− 0,1672
2	0,2146	0,2122	0,2058	0,1971	0,1804	0,1570	0,1257	0,0854	0,0326	− 0,0370	− 0,1290
1	0,1869	0,1846	0,1779	0,1604	0,1498	0,1289	0,0991	0,0636	0,0198	− 0,0337	− 0,0988
0	0,1625	0,1602	0,1530	0,1412	0,1245	0,1032	0,0770	0,0462	0,0105	− 0,0298	− 0,0750
− 1	0,1410	0,1385	0,1312	0,1193	0,1029	0,0827	0,0590	0,0327	0,0041	− 0,0246	− 0,0565
− 2	0,1223	0,1197	0,1123	0,1003	0,0844	0,0646	0,0445	0,0215	0,0000	− 0,0217	− 0,0423
− 3	0,1064	0,1038	0,0964	0,0844	0,0691	0,0516	0,0332	0,0147	− 0,0028	− 0,0181	− 0,0315
− 4	0,0930	0,0903	0,0828	0,0710	0,0564	0,0403	0,0241	0,0090	− 0,0043	− 0,0149	− 0,0232

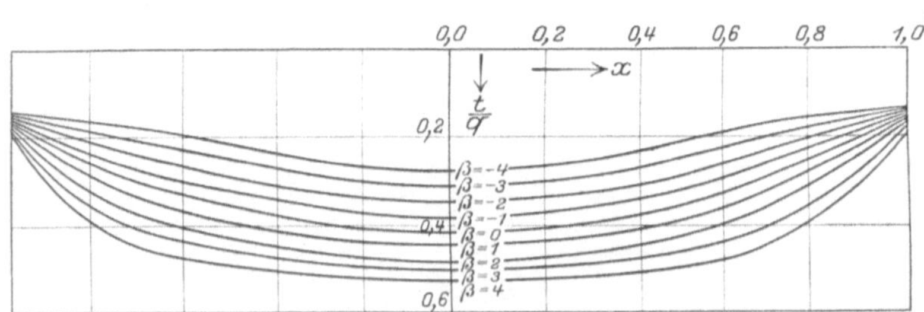

Zahlentafel 6b. Belastungsfall II. $\frac{t}{q} = e^{\frac{-\beta x^2}{6}} \left(\nu \frac{d\varphi}{dx} + \frac{\varphi}{x} \right)$ (für $\nu = 0{,}3$).

β	$x=0{,}0$	$x=0{,}1$	$x=0{,}2$	$x=0{,}3$	$x=0{,}4$	$x=0{,}5$	$x=0{,}6$	$x=0{,}7$	$x=0{,}8$	$x=0{,}9$	$x=1{,}0$
4	0,5238	0,5229	0,5201	0,5153	0,5071	0,4949	0,4752	0,4476	0,4013	0,3266	0,2006
3	0,4986	0,4973	0,4932	0,4860	0,4751	0,4593	0,4367	0,4044	0,3584	0,2913	0,1923
2	0,4716	0,4700	0,4648	0,4580	0,4470	0,4247	0,3987	0,3653	0,3213	0,2632	0,1857
1	0,4430	0,4409	0,4347	0,4182	0,4086	0,3924	0,3623	0,3295	0,2893	0,2400	0,1802
0	0,4125	0,4102	0,4030	0,3912	0,3745	0,3532	0,3270	0,2962	0,2605	0,2202	0,1750
− 1	0,3804	0,3776	0,3699	0,3570	0,3396	0,3180	0,2927	0,2647	0,2342	0,2023	0,1698
− 2	0,3468	0,3438	0,3354	0,3217	0,3042	0,2839	0,2594	0,2329	0,2098	0,1868	0,1640
− 3	0,3117	0,3087	0,3000	0,2862	0,2683	0,2478	0,2266	0,2056	0,1865	0,1700	0,1570
− 4	0,2770	0,2739	0,2649	0,2508	0,2334	0,2144	0,1955	0,1784	0,1642	0,1543	0,1488

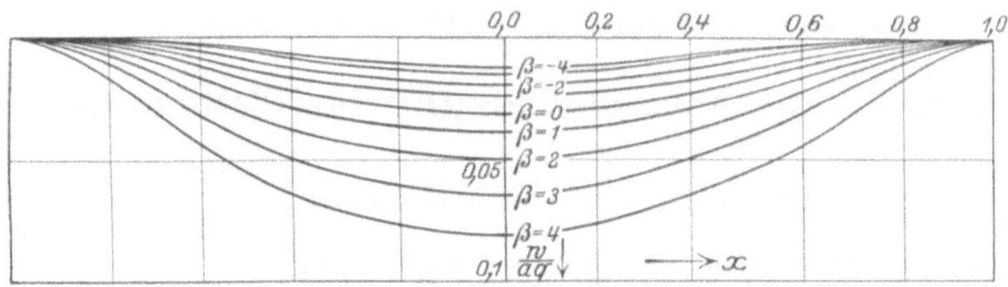

Zahlentafel 7a. Belastungsfall I. $\frac{w}{a\,q} = q\left(A\varphi_1 + \frac{x}{(3-\nu)\beta^2}\cdot e^{\frac{\beta x^2}{2}} - \frac{e^{\frac{\beta}{2}}}{(3-\nu)\beta^2}\right)$ (für $\nu = 0,3$).

β	$x = 0,0$	$x = 0,1$	$x = 0,2$	$x = 0,3$	$x = 0,4$	$x = 0,5$	$x = 0,6$	$x = 0,7$	$x = 0,8$	$x = 0,9$	$0 = 1,0$
4	0,0801	0,0792	0,0760	0,0708	0,0633	0,0538	0,0429	0,0298	0,0167	0,0051	0,0000
3	0,0639	0,0631	0,0602	0,0556	0,0492	0,0412	0,0320	0,0219	0,0119	0,0037	0,0000
2	0,0505	0,0497	0,0473	0,0432	0,0379	0,0308	0,0237	0,0158	0,0084	0,0025	0,0000
1	0,0398	0,0391	0,0370	0,0335	0,0290	0,0235	0,0175	0,0115	0,0058	0,0017	0,0000
0	0,0313	0,0306	0,0288	0,0259	0,0221	0,0176	0,0127	0,0081	0,0041	0,0021	0,0000
−1	0,0246	0,0240	0,0224	0,0205	0,0168	0,0138	0,0094	0,0058	0,0028	0,0008	0,0000
−2	0,0192	0,0187	0,0174	0,0153	0,0126	0,0096	0,0067	0,0041	0,0019	0,0005	0,0000
−3	0,0152	0,0148	0,0136	0,0118	0,0096	0,0072	0,0049	0,0029	0,0013	0,0003	0,0000
−4	0,01195	0,01160	0,01059	0,00906	0,00722	0,00529	0,00349	0,00175	0,00086	0,00021	0,0000

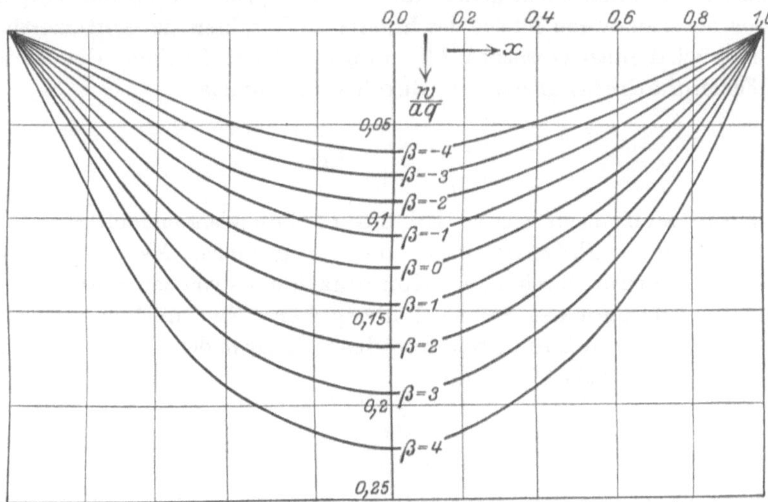

Zahlentafel 7b. Belastungsfall II. $\frac{w}{aq} = q\left(A\varphi_1 + \frac{x}{(3-\nu)\beta^2}\cdot e^{\frac{\beta x^2}{2}} - \frac{e^{\frac{\mu}{2}}}{(3-\nu)\beta^2}\right)$ (für $\nu = 0,3$).

β	$x = 0,0$	$x = 0,1$	$x = 0,2$	$x = 0,3$	$x = 0,4$	$x = 0,5$	$x = 0,6$	$x = 0,7$	$x = 0,8$	$x = 0,9$	$x = 1,0$
4	0,2233	0,2215	0,2153	0,2051	0,1854	0,1710	0,1471	0,1171	0,0823	0,0424	0,0000
3	0,1944	0,1924	0,1867	0,1770	0,1634	0,1455	0,1237	0,0977	0,0678	0,0348	0,0000
2	0,1692	0,1673	0,1619	0,1529	0,1403	0,1236	0,1044	0,0817	0,0562	0,0285	0,0000
1	0,1471	0,1454	0,1403	0,1319	0,1203	0,1056	0,0883	0,0684	0,0466	0,0236	0,0000
0	0,1273	0,1259	0,1211	0,1134	0,1028	0,0897	0,0742	0,0571	0,0386	0,0203	0,0000
−1	0,1098	0,1083	0,1039	0,0970	0,0874	0,0758	0,0624	0,0476	0,0320	0,0160	0,0000
−2	0,0937	0,0924	0,0885	0,0822	0,0736	0,0635	0,0518	0,0394	0,0263	0,0130	0,0000
−3	0,0791	0,07789	0,07439	0,06870	0,06134	0,05246	0,04264	0,03215	0,02138	0,01061	0,0000
−4	0,06605	0,06499	0,06186	0,05696	0,05054	0,04299	0,03466	0,02603	0,01724	0,00852	0,0000

4. Analytische Näherungslösung für Platten ohne Bohrung mit dem Profil $y = e^{\frac{1}{3}\sum_{1}^{\infty} A_\lambda \frac{x^\lambda}{\lambda}}$.

Man kann die Lösung der Differentialgleichung

$$x^2 \frac{d^2 \varphi}{dx^2} + x\left(1 + \sum_{1}^{\infty} A_\lambda x^\lambda\right)\frac{d\varphi}{dx} - \left(1 - \nu \sum_{1}^{\infty} A_\lambda x^\lambda\right)\varphi = \frac{qx}{y^3} f(x)$$

sofort angeben, wenn die rechte Seite die Form hat

$$x^2 \frac{d^2 \overline{\varphi}_n}{dx^2} + x\left(1 + \sum_{1}^{\infty} A_\lambda x^\lambda\right)\frac{d\overline{\varphi}_n}{dx} - \left(1 - \nu \sum_{1}^{\infty} A_\lambda x^\lambda\right)\overline{\varphi}_n ,$$

also, wenn

$$f(x) = F_n(x) = \frac{y^3}{qx}\left[x^2 \frac{d^2 \overline{\varphi}_n}{dx^2} + x\left(1 + \sum_{1}^{\infty} A_\lambda x^\lambda\right)\frac{d\overline{\varphi}_n}{dx} - \left(1 - \nu \sum_{1}^{\infty} A_\lambda x^\lambda\right)\overline{\varphi}_n\right].$$

Ist $\overline{\varphi}_n$ gewählt, so hat man damit $F_n(x)$, also $F_1(x)$, $F_2(x)$ . . . Nun hat aber $f(x)$ meist nicht gerade die Form $F_n(x)$. Wegen der Superposition der Lösungen infolge des linearen Charakters der Differentialgleichung wird man versuchen, $f(x)$ möglichst gut (im Sinne des kleinsten Fehlerquadrats) anzunähern durch eine Summe

$$f(x) = \sum_{i=1}^{n} C_i F_i .$$

Dabei wird sich dann zeigen, daß die C_i besonders einfach werden, wenn Funktionen $F_i(x)$ ein Orthogonalsystem bilden. Man kann aber leicht — wiederum durch lineare Kombination — von den Funktionen F_i auf ein orthogonales System f_i übergehen. Nun drücken sich die zu den f_i gehörigen Lösungen φ_i geradeso linear in den $\overline{\varphi}_i$ aus, und die zu $f(x)$ gehörige Lösung φ wird

$$\varphi = \sum_{i=1}^{n} C_i \varphi_i .$$

Für $\overline{\varphi}_n$ wählen wir — in Anlehnung an die Lösung für die Platte mit konstanter Dicke — den Ansatz

$$\overline{\varphi}_n = \frac{q}{y^3}(x^{n+2} - B_n x)$$

$$= q\,(x^{n+2} - B_n x)\, e^{-\sum_{1}^{\infty} A_\lambda \frac{x^\lambda}{\lambda}} .$$

Man kann dann über B_n noch so verfügen, daß die Randbedingungen erfüllt sind. Beispielsweise wird für $B_n = 1$:

$$\overline{\varphi}_n = 0 \quad \text{für} \quad x = 0 \quad \text{und} \quad x = 1,$$

d. h. wir haben den Fall der am Rande eingespannten Platte. Setzen wir dagegen

$$B_n = \frac{n+2+\nu-\sum\limits_1^\infty A_\lambda}{1+\nu-\sum\limits_1^\infty A_\lambda},$$

so gilt

$$\overline{\varphi}_{nr} = \frac{d\overline{\varphi}_n}{dx} + \nu\frac{\overline{\varphi}_n}{x} = 0 \quad \text{für} \quad x = 1$$

und

$$\overline{\varphi}_n = 0 \qquad \text{für} \quad x = 0,$$

d. h. wir haben jetzt den Fall der am Rande frei aufliegenden Platte.

Wir erhalten nun mit

$$\overline{\varphi}_n = q(x^{n+2} - B_n x)e^{-\sum\limits_1^\infty A_\lambda \frac{x^\lambda}{\lambda}},$$

$$\frac{d\overline{\varphi}_n}{dx} = q[-\sum_1^\infty A_\lambda x^{n+\lambda+1} + B_n \sum_1^\infty A_\lambda x^\lambda + (n+2)x^{n-1} - B_n]e^{-\sum\limits_1^\infty A_\lambda \frac{x^\lambda}{\lambda}},$$

$$\frac{d\overline{\varphi}_n}{dx^2} = q[+\sum_{\lambda=1}^\infty \sum_{\varkappa=1}^\infty A_\lambda A_\varkappa x^{n+\varkappa+\lambda} - B_n \sum_{\lambda=1}^\infty \sum_{\varkappa=1}^\infty A_\lambda A_\varkappa x^{\lambda+\varkappa-1}$$
$$- \sum_1^\infty A_\lambda(2n+3+\lambda)x^{n+\lambda} + B_n \sum A_\lambda(1+\lambda)x^{\lambda-1}$$
$$+ (n+2)(n+1)x^n]\, e^{-\sum\limits_1^\infty A_\lambda \frac{x^\lambda}{\lambda}}$$

sofort

$$F_n(x) = -\sum_{\lambda=1}^\infty (n+2+\lambda-\nu) A_\lambda x^{n+\lambda-1}$$
$$+ B_n \sum (1+\lambda-\nu) A_\lambda x^{\lambda-2} + (n+1)(n+3)x^{n-1}. \qquad (28)$$

Daraus folgt, wenn wir voraussetzen, daß $f(x)$ nirgends unendlich werden soll, d. h. den Fall, daß die Platte in der Mitte eine Einzellast trägt, ausschließen,

$$\lambda \geqq 2 \quad \text{und} \quad n \geqq 1.$$

Wir bilden nun aus den Funktionen $F_n(x)$ folgende andere Funktionen,

$$\left.\begin{aligned}
\frac{1}{\alpha_1} f_1 &= F_1, \\
\frac{1}{\alpha_2} f_2 &= f_1 + \alpha_{22} F_2, \\
\frac{1}{\alpha_3} f_3 &= f_1 + \alpha_{32} f_2 + \alpha_{33} F_3, \\
&\cdots\cdots\cdots\cdots\cdots \\
\frac{1}{\alpha_n} f_n &= f_1 + \alpha_{n2} f_2 + \alpha_{n3} f_3 + \cdots + \alpha_{n,n-1} f_{n-1} + \alpha_{nn} F_n.
\end{aligned}\right\} \qquad (29)$$

Den Funktionen f entsprechen die Funktionen

$$\left.\begin{aligned} \frac{1}{\alpha_1}\varphi_1 &= \bar{\varphi}_1, \\ \frac{1}{\alpha_2}\varphi_2 &= \varphi_1 + \alpha_{22}\bar{\varphi}_2, \\ \frac{1}{\alpha_3}\varphi_3 &= \varphi_1 + \alpha_{32}\varphi_2 + \alpha_{33}\bar{\varphi}_3, \\ &\dots\dots\dots\dots\dots \\ \frac{1}{\alpha_n}\varphi_n &= \varphi_1 + \alpha_{n2}\varphi_2 + \alpha_{n3}\varphi_3 + \cdots + \alpha_{n,n-1}\varphi_{n-1} + \alpha_{nn}\bar{\varphi}_n. \end{aligned}\right\} \tag{30}$$

Die Koeffizienten α sollen dabei so bestimmt werden, daß die Orthogonalitätsbedingungen

$$\begin{aligned} \int_0^1 f_1 f_k\,dx &= 0 \quad \text{für} \quad i \neq k \\ &= 1 \quad \text{für} \quad i = k \end{aligned} \tag{31}$$

erfüllt sind. Dies ist ohne weiteres möglich. Zunächst hat man nämlich

$$a_1^2 = \frac{1}{\int F_1^2\,dx}; \tag{32a}$$

multipliziert man dann die $n$te Gleichung von (29) mit f_1 und integriert zwischen den Grenzen $x = 0$ und $x = 1$, so kommt

$$\alpha_{nn} = -\frac{1}{\int_0^1 f_1 F_n\,dx} \qquad (n = 2, 3, \ldots). \tag{32b}$$

Ganz analog erhält man für α_{ni}

$$\alpha_{ni} = -\alpha_{nn}\int_0^1 f_i F_n\,dx, \qquad (i < n) \tag{32c}$$

woraus α_{ni} bestimmt ist, sobald mit α_i auch f_i bekannt ist. Um schließlich noch α_n zu erhalten, quadriert man die $n$te Gleichung von (29), und integriert wieder, so folgt unter Berücksichtigung von (31)

$$\alpha_n = \pm 1 : \sqrt{\alpha_{nn}^2\int_0^1 F_n^2\,dx - (1 + \alpha_{n2}^2 + \cdots + \alpha_{n,n-1}^2)}. \tag{32d}$$

Bildet man nun

$$\varphi = \sum_{i=1}^{n} C_i\varphi_i, \tag{33}$$

so hat man eine Lösung der Plattengleichung mit der Belastungsfunktion

$$\bar{f}(x) = \sum_{i=1}^{n} C_i f_i. \tag{34}$$

Die Koeffizienten C_i sollen dabei so bestimmt werden, daß sich die Funktion $\bar{f}(x)$ im Intervall $0 \leqq x \leqq 1$ möglichst gut an die vorgegebene Belastungsfunktion $f(x)$ anschmiegt. Zu diesem Zweck fordern wir, daß das Fehlerintegral

$$J = \int_0^1 (\bar{f}(x) - f(x))^2 \, dx$$
$$= \int_0^1 (\sum_1^n C_i f_i - f)^2 \, dx$$

ein Minimum werde. Die Bedingung hierfür ist, daß

$$\frac{\partial J}{\partial C_i} = 2 \int_0^1 (\sum_1^n C_k f_k - f) f_i = 0. \qquad (i = 1, 2, \ldots, n)$$

Daraus folgt wegen (31)

$$C_i = \int_0^1 f(x) f_i(x) \, dx.$$

Da

$$\frac{\partial^2 J}{\partial C_i^2} = +2$$

wird, so ist tatsächlich ein Minimum vorhanden. Ist speziell die Belastung konstant, so ist $f(x) \equiv 1$ und es wird

$$C_i = \int_0^1 f_i(x) \, dx.$$

Hierzu ist noch folgendes zu bemerken: Da gemäß (32c) die Werte $\alpha_1, \alpha_2, \ldots \alpha_n$ positiv oder negativ sein können, gibt es verschiedene orthogonale Systeme:

$$f_1, f_2, \ldots, f_n.$$

Welches davon zu wählen ist, folgt bei der Berechnung praktischer Fälle leicht aus der Forderung, ein möglichst günstiges Minimum zu erzielen.

Für den Sonderfall der Platte gleicher Dicke wird $y \equiv 1$, somit in (28) $A_\lambda = 0$, und man bekommt

$$F_n(x) = (n+1)(n+3)x^{n-1},$$
$$F_1(x) = 8,$$
$$F_2(x) = 15\,x,$$
$$F_3(x) = 24\,x^2,$$
$$\ldots\ldots\ldots\ldots\ldots\ldots\ldots\ldots$$
$$f_1(x) = 1; \quad \alpha_1 = \frac{1}{8}; \quad \varphi_1(x) = \frac{q}{8}(x^3 - x); \quad C_1 = 1.$$

Für die übrige Funktion $f_n(x)$ gilt

$$\int_0^1 f_1(x) f_i(x)\, dx = 0, \qquad (i = 2, 3, \ldots, n)$$

also wegen $f_1(x) = 1$

$$\int_0^1 f_i(x)\, dx = C_i = 0\,. \qquad (i = 2, 3, \ldots, n)$$

Somit hat man für den Fall der am Rande eingespannten Platte mit $B_1 = +1$

$$\varphi = \sum C_i \varphi_i = \frac{q}{8}(x^3 - x),$$

was in der Tat die exakte Lösung der Differentialgleichung

$$\frac{d^2\varphi}{dx^2} + \frac{1}{x}\frac{d\varphi}{dx} - \frac{1}{x^2}\varphi = qx$$

mit den Randbedingungen

$$\varphi = 0 \quad \text{für} \quad x = 0 \quad \text{und} \quad x = 1$$

darstellt.

Für die am Rande frei aufliegende Platte kommt mit $B_1 = \frac{3+\nu}{1+\nu}$

$$\varphi = \frac{q}{8}\left(x^3 - \frac{3+\nu}{1+\nu}x\right).$$

Die auf Grund einer Minimalforderung ermittelte Funktion $\bar{f}(x)$ stellt für die Zahl n der dazu benützten Funktionen f_n die bestmögliche Annäherung der Funktion $\bar{f}(x)$ an $f(x)$ in dem Intervall $0 \leqq x \leqq 1$ dar. Man kommt hier unter Umständen bei derselben Genauigkeit mit einer viel geringeren Rechenarbeit zum Ziele als mit Hilfe der in Abschnitt 2 ermittelten Reihenentwicklung. Der Grund hierfür liegt darin, daß die Reihenentwicklung im ganzen Intervall $0 \leqq x < \infty$ gültig bleibt, während die hier geschilderte Methode sich damit begnügt, die gesuchte Funktion nur in dem praktisch wichtigen Bereich darzustellen. Trotzdem kann man auch hier auf numerisch mühsame Rechnungen stoßen, die sich aber zuweilen vermeiden lassen, wenn man sich mit einer geringeren Genauigkeit begnügt und dann, wie folgt, vorgeht. In der Funktion

$$F(x) = \sum_{i=1}^{n} \alpha_i F_i$$

sollen die Koeffizienten α_i so bestimmt werden, daß für die im Intervall $0 \leqq x \leqq 1$ befindlichen äquidistanten Punkte

$$x_1, x_2, \ldots, x_n$$

$F(x) = f(x)$ erfüllt ist.

Man hat dann zur Bestimmung der n Werte α_i die n linearen Gleichungen

$$\sum_{i=1}^{n} \alpha_i F_i(x_k) = f(x_k). \quad (k = 1, 2, \ldots, n)$$

Für φ folgt daraus

$$\varphi = \sum_{i=1}^{n} \alpha_i \bar{\varphi}_i. \tag{35}$$

Wie unten an einem Beispiel gezeigt wird, erreicht man hierfür den Fall konstanter Flächenbelastung mit bedeutend geringerer Rechenarbeit fast dieselbe Genauigkeit wie bei der genaueren Rechnungsweise. Wir wählen das Profil

$$y = e^{-\frac{\beta x^2}{6}}$$

für $\beta = 1$ und für den Fall der am Rande eingespannten Platte; dann wird in (28)

$$A_2 = -\beta; \quad A_1 = A_3 = A_4 = \cdots = 0: \quad B_n = 1$$

und man hat, wenn man $\nu = 0{,}3$ setzt,

$$\begin{aligned}
F_1(x) &= 4{,}7\,x^2 + 5{,}3\,, \\
F_2(x) &= 5{,}7\,x^3 + 15\,x - 2{,}7\,, \\
F_3(x) &= 6{,}7\,x^4 + 24\,x^2 - 2{,}7\,, \\
&\ldots\ldots\ldots\ldots\ldots\ldots \\
F_n(x) &= (n + 3{,}7)\cdot x^{n+1} + (n+1)\cdot(n+3)\,x^{n-1} - 2{,}7.
\end{aligned}$$

Beschränkt man sich zunächst auf zwei Funktionen F_1 und F_2 und nimmt $p = \text{const.}$, somit $f(x) = 1$ an, so erhält man daraus auf folgende Weise die zwei orthogonalen Funktionen f_1 und f_2.

Es ist nach (32a)

$$\alpha_1 = 0{,}1427;$$

somit wird

$$f_1 = 0{,}6706\,x^2 + 0{,}7563\,.$$

Ferner berechnen sich α_{22} und α_2 aus (33b) und (33d) zu

$$\alpha_{22} = -0{,}1378 \quad \alpha_2 = 1{,}611$$

und man bekommt

$$f_2 = -1{,}266\,x^3 + 1{,}080\,x^2 - 3{,}330\,x + 1.818\,.$$

Ferner wird

$$C_1 = \int_0^1 f_1\,dx = 0{,}9798\,,$$

$$C_2 = \int_0^1 f_2\,dx = 0{,}1964$$

und

$$\bar{f}(x) = \sum_1^2 C_i f_i(x) = -0{,}249\,x^3 + 0{,}869\,x^2 - 0{,}654\,x + 1{,}098\,.$$

Berechnet man zum Vergleich

$$F(x) = \sum_1^2 \alpha_i F_i(x)$$

aus der Bedingung, daß $F(x)$ für die beiden Punkte

$$x_1 = 0{,}25\,; \qquad x_2 = 0{,}75$$

den Wert $F(x) = 1$ annehmen soll, so kommen für α_1, α_2 die Bestimmungsgleichungen

$$5{,}594\,\alpha_1 + 1{,}139\,\alpha_2 = 1\,,$$
$$7{,}944\,\alpha_1 + 10{,}955\,\alpha_2 = 1\,,$$

mit den Wurzeln

$$\alpha_1 = 0{,}1879\,, \qquad a_2 = 0{,}04499\,;$$

und daher wird

$$F(x) = -0{,}256\,x^3 + 0{,}883\,x^2 - 0{,}675\,x + 1{,}117\,.$$

In folgender Tabelle sind die Werte von $\bar{f}(x)$ und $F(x)$ für einige Werte x berechnet:

$x =$	0,0	0,2	0,4	0,6	0,8	1,0
$\bar{f}(x) = \sum_1^2 C_i f_i =$	1,098	1,000	0,959	0,964	1,003	1,064
$F(x) = \sum_1^2 \alpha_i f_i =$	1,1175	1,016	0,973	0,976	1,013	1,069

Die größten Abweichungen vom Wert 1 betragen etwa 10%; sie sind für $F(x)$ um etwa 1% größer als für $\bar{f}(x)$. Man erreicht also bei weit geringerer Rechenarbeit fast dieselbe Genauigkeit. Will man die Genauigkeit noch weiter treiben, so kann man eine dritte Funktion $F_3(x)$ hinzunehmen. Dabei hat man zur Berechnung von $f_3(x)$ schon eine beträchtliche Rechenarbeit zu leisten, da die α-Werte teilweise als Differenz von zwei Zahlen erscheinen, die in den ersten beiden Stellen übereinstimmen. Es soll daher lediglich die Funktion

$$F(x) = \sum_1^3 \alpha_i F_i(x)$$

so berechnet werden, daß sie für

$$x = 0{,}0\,; \qquad 0{,}5\,; \qquad 1{,}0$$

den Wert 1 annimmt.

Man erhält

$$\alpha_1 = 0{,}1738\,; \qquad \alpha_2 = -\,0{,}0083\,; \qquad \alpha_3 = -\,0{,}0209$$

und also

$$F(x) = \sum_1^3 \alpha_i F_i = -\,0{,}1401\,x^4 - 0{,}0474\,x^3 + 0{,}3149\,x^2 - 0{,}1247\,x + 1{,}0000\,.$$

Daraus ergibt sich folgende Tabelle:

$x =$	0,0	0,2	0,4	0,5	0,6	0,8	1,0
$F(x) =$	1,0000	0,9871	0,9940	1,0000	1,0094	1,0207	1,0000

Die Abweichung von 1 beträgt also im ungünstigsten Fall 2%.

Mit den Werte α_1, α_2, α_3 läßt sich nun φ berechnen. Man erhält

$$\frac{1}{q}\,\frac{\varphi}{x} = \frac{1}{x}\sum \alpha_i \bar{\varphi}_i$$

$$= (-\,0{,}0209\,x^4 - 0{,}00831\,x^3 + 0{,}1738\,x^3 - 0{,}1446)\,e^{\frac{x^2}{6}}\,.$$

In untenstehender Tabelle sind einige Werte dieser Funktion eingetragen und mit den exakten Werten $\frac{1}{q}\,\frac{\varphi}{x}$, die sich aus der Reihenentwicklung (Abschnitt 3) ergeben, verglichen.

$x =$	0,0	0,2	0,4	0,6	0,8	1,0
$q\,\frac{\varphi}{x}$ (genähert):	−0,1446	−0,1388	−0,1208	−0,0918	−0,0513	−0,0000
$q\,\frac{\varphi}{x}$ (genau):	−0,1438	−0,1398	−0,1267	−0,1024	−0,0627	−0,0000

Die Übereinstimmung ist recht befriedigend; sie ließe sich durch Hinzunahme weiterer Funktionen F_i ohne allzu große Rechenarbeit beliebig verfeinern.

5. Graphisches Näherungsverfahren für ein beliebiges Profil.

Mit den bisher entwickelten Verfahren ist es möglich, die Durchbiegungen und die Biegungsspannungen für ein beliebiges Profil zu berechnen. Während für bestimmte Profile dieser Weg sehr rasch zum Ziele führt, verursacht er in andern Fällen ziemlich langwierige Rechnungen. Es soll daher noch ein graphisches Verfahren abgeleitet werden, das bei allen Profilen sehr rasch eine Lösung liefert. Dieses

Verfahren hat große Ähnlichkeit mit einem von Prof. Grammel zur Berechnung von rotierenden Scheiben gefundenen; seine Anwendbarkeit auf die Berechnung von Platten hat ihren Grund in der weitgehenden Analogie zwischen ebenen Spannungszuständen und dem Biegungszustand von Platten.

Wir betrachten zunächst einmal die Biegung einer Platte konstanter Dicke y mit dem Innenradius x_i und dem Außenradius

$$x_a\ (0 \leqq x_i < x_a \leqq 1).$$

Die Plattengleichung lautet für diesen Fall

$$\frac{d^2\varphi}{dx^2} + \frac{1}{x}\frac{d\varphi}{dx} - \frac{\varphi}{x^2} = \frac{q}{x y^3}(x^2 f(x) + c)$$

und hat die allgemeine Lösung (S. 23)

$$\varphi = A x + \frac{B}{x} + \varphi_0 \tag{17}$$

mit

$$\varphi_0 = \frac{q}{x y^3}\int x\,dx \int x f(x)\,dx + \frac{q c}{2 y^3} x \lg x .$$

φ_0 kann dabei stets durch graphische oder numerische Integration gefunden werden.

Für eine Platte ohne Bohrung mit $x_i = 0$ folgt, da aus Symmetriegründen im Mittelpunkt φ verschwinden muß, $B = 0$.

Wir betrachten nun die Funktionen

$$\left.\begin{aligned} \psi &= y^3 \varphi ,\\ \psi_0 &= y^3 \varphi_0 ,\\ \psi_r &= y^3 \varphi_r ,\\ \psi_t &= y^3 \varphi_t . \end{aligned}\right\} \tag{36}$$

Dann kommt, wenn man neue Integrationskonstanten C und D gemäß

$$C = (1 + \nu) A y^3 ,$$
$$D = -(1 - \nu) B y^3$$

einführt,

$$\left.\begin{aligned} \psi &= \frac{C}{1+\nu} x - \frac{D}{1-\nu}\frac{1}{x} + \psi_0 ,\\ \psi_0 &= \frac{q}{x}\int x\,dx \int f(x)\,x\,dx + \frac{q c}{2} x \lg x ,\\ \psi_r &= \frac{d\psi}{dx} + \nu \frac{\psi}{x} = C + \frac{D}{x^2} + \psi_{0r} ,\\ \psi_t &= \nu \frac{d\psi}{dx} + \frac{\psi}{x} = C - \frac{D}{x^2} + \psi_{0t} , \end{aligned}\right| \tag{37}$$

wo

$$\psi_{0r} = \frac{d\psi_0}{dx} + \nu \frac{\psi_0}{x},$$

$$\psi_{0t} = \nu \frac{d\psi_0}{dx} + \frac{\psi_0}{x}.$$

Die Funktionen ψ_0, ψ_{0r}, ψ_{0t} sind unabhängig von y. Führt man nun die Abkürzungen ein

$$\left.\begin{aligned} \Phi_r &= \psi_r - \psi_{0r}, \\ \Phi_t &= \psi_t - \psi_{0t}, \\ v &= \frac{1}{x^2}, \end{aligned}\right\} \tag{38}$$

so folgt

$$\left.\begin{aligned} \Phi_r &= C + Dv, \\ \Phi_t &= C - Dv. \end{aligned}\right\} \tag{39}$$

Wählt man (Abb. 6) in einem Koordinatensystem v als Abzisse, Φ_r bzw. Φ_t als Ordinaten, so sind die Funktionen Φ_r und Φ_t durch zwei Gerade dargestellt, die sich auf der Ordinatenachse im Abstand C vom Ursprunge schneiden und symmetrisch zu einer Parallelen zur Abszissenachse liegen. Kennt man die Werte Φ_r und Φ_t für irgendeine Stelle, so kann man durch eine einfache geometrische Konstruktion den Verlauf von Φ_r und Φ_t für die ganze Platte finden. Aber auch der Wert von φ läßt sich an jeder Stelle leicht angeben. Man erkennt nämlich mit Hilfe von (36) und (37), daß

$$\varphi = \frac{x}{1-\nu^2} \frac{\psi_t - \nu\psi_r}{y^3} \tag{39a}$$

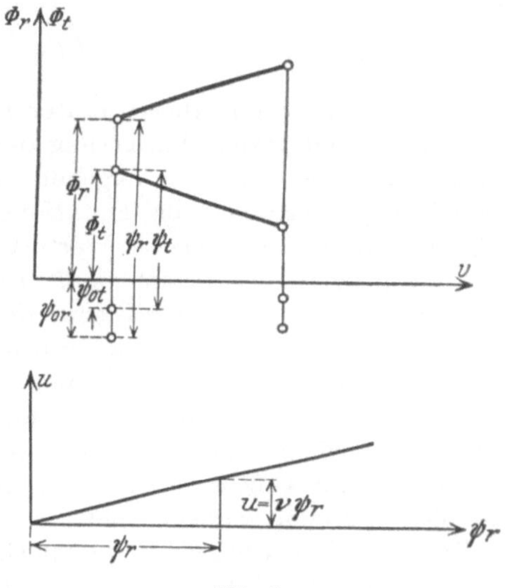

Abb. 6.

ist. Trägt man $-\psi_{0r}$ und $-\psi_{0t}$ in Abhängigkeit von v ebenfalls in das Koordinatensystem ein und zeichnet sich außerdem noch in einem andern Koordinatensystem u, ψ_r die Gerade $u = \nu\psi_r$ auf (S. 54), so kann man im ersten System ohne weiteres $\psi_r = \Phi_r + \psi_{0r}$ mit dem Zirkel angreifen, daraus sofort mit Hilfe der Geraden $u = \nu\psi_r$ im zweiten System $\nu\psi_r$ finden und ebenso rasch wieder im ersten System den Wert $\psi_t - \nu\psi_r$ abstechen. Daraus läßt sich dann φ mit dem Rechenschieber leicht berechnen. Aus den so gefundenen φ-Werten findet man die Durchbiegungen w durch eine einfache graphische oder numerische Integration, während die Werte ψ_r und ψ_t mit den Biegungsmomenten m_r und m_t verhältnisgleich sind, da nach (14)

$$m_r = -\frac{N_0}{a}\psi_r,$$

$$m_t = -\frac{N_0}{a}\psi_t.$$

Für die Biegungsspannungen dagegen gilt

$$\sigma_r = (\mp)\frac{6\,N}{a h_0^2}s,$$

$$\sigma_t = (\mp)\frac{6\,N}{a h_0^2}t,$$

wo

$$s = y\,\varphi_r = \frac{\psi_r}{y^2}$$

und

$$t = y\,\varphi_t = \frac{\psi_t}{y^2}.$$

Um nun für eine Platte konstanter Dicke bei beliebig gegebener Belastung zu einer graphischen Lösung der Biegungsaufgabe zu kommen, kann man folgendermaßen vorgehen: Man berechnet zunächst (graphisch oder analytisch) die Funktionen ψ_0, ψ_{0r}, ψ_{0t}, nimmt dann für irgendein x bzw. v beliebige Werte von Φ_r und Φ_t an und bestimmt, wie oben gezeigt, den Verlauf von Φ_r und Φ_t für die ganze Platte, und erhält damit eine partikuläre Lösung der Plattengleichung mit zweitem Teil, sodann setzt man $\psi_{0r} = \psi_{0t} = 0$ und bestimmt auf dieselbe Weise eine partikuläre Lösung der homogenen Gleichung. Durch Superposition lassen sich ohne weiteres die Randbedingungen befriedigen. Praktisch wird man meist so vorgehen, daß man die beliebigen Werte am Innen- und Außenrand annimmt, und zwar so, daß dort schon die Randbedingungen befriedigt sind.

Hierzu ist noch folgendes zu bemerken: Liegt die Platte am Innen- und Außenrand auf, so ist c unbekannt und muß aus den Randbedingungen erst ermittelt werden. Man setzt nun zunächst $c = 0$ und sucht, wie oben, zwei partikuläre Lösungen. Dann nimmt man

$$\psi_0 = \frac{q\,c}{2}\,x \lg x$$

mit beliebig gewähltem c, bestimmt ein drittes partikuläres Integral und kann wieder durch Superposition sämtliche Randbedingungen erfüllen. Hat die Platte keine Bohrung, so folgt, wie oben gezeigt, daß in Gleichung (17) die Konstante B, und somit auch D verschwindet, daß also

$$\Phi_r = \Phi_t = C$$

ist.

Die hier entwickelte Methode läßt sich leicht auf ein beliebiges Plattenprofil ausdehnen. Zu diesem Zweck ersetzt man die Platte durch eine Reihe ebener, ringförmiger Platten, so daß ein treppenförmiges Plattenprofil entsteht, das sich dem gegebenen Plattenprofil möglichst nähern soll. Man beginnt wieder in der soeben geschilderten Weise am äußeren oder inneren Rande (oder allgemein an einer beliebigen Stelle), mit beliebigen Φ_r- und Φ_t-Werten und bestimmt den Verlauf von Φ_r und Φ_t für eine Teilplatte. Dann ist es aber ohne weiteres möglich, aus den Randwerten von Φ_r und Φ_t auf die entsprechenden Werte des anstoßenden Randes der Nachbarplatte zu schließen. Es muß nämlich einmal das durchgeleitete Biegungsmoment an der Trennungsstelle für beide Platten gleich groß sein, d. h. m_r darf keinen Sprung erleiden, ferner soll die elastische Fläche an dieser Stelle keinen Knick erleiden, es soll also auch der Biegungswinkel φ sprungfrei bleiben. Wir haben mithin die beiden Forderungen zu erfüllen:

$$\Delta m_r = 0, \quad \Delta \varphi = 0.$$

Nun ist

$$m_r = -\frac{N_0}{a}\psi_r,$$

also gilt auch

$$\Delta \psi_r = 0.$$

Ferner hat man

$$\varphi = \frac{x}{1-\nu^2}\frac{\psi_t - \nu\psi_r}{y^3},$$

also

$$\Delta\varphi = \frac{x}{1-\nu^2}\left(\frac{(\psi_t + \Delta\varphi_t) - \nu(\psi_r + \Delta\psi_r)}{y^3 + \Delta y^3} - \frac{\psi_t - \nu\psi_r}{y^3}\right) = 0$$

oder, da

$$\Delta\psi_r = 0 \quad \text{ist},$$

$$\Delta\psi_t = \frac{\Delta y^3}{y^3}(\psi_t - \nu\psi_r).$$

Dabei ist unter Δy^3 der Ausdruck

$$\Delta y^3 = (y + \Delta y)^3 - y^3$$

zu verstehen.

Da ψ_{0r} und ψ_{0t} von y^3 unabhängig sind, erleiden sie beim Übergang zur nächsten Teilplatte keinen Sprung und man hat somit

$$\left.\begin{aligned} \Delta\Phi_r &= 0, \\ \Delta\Phi_t &= \frac{\Delta y^3}{y^3}(\psi_t - \nu\psi_r). \end{aligned}\right\} \tag{40}$$

Der Wert $\psi_t - \nu\psi_r$ läßt sich, wie weiter oben gezeigt, sofort aus der Zeichnung mit dem Zirkel abgreifen und man erhält $\Delta\Phi_t$ durch eine einfache Rechenschieberablesung. Damit kennt man die Randwerte von Φ_r und Φ_t für die nächste Teilplatte und kann nun auf genau dieselbe Weise fortfahren, bis man eine partikuläre Lösung für die ganze Platte erhält. Wie man dies auf einfache Weise bewerkstelligen kann, soll an einem Beispiel gezeigt werden.

Wir wählen, um einen Vergleich mit der exakten Lösung zu ermöglichen, eine am Außenrande frei aufgelegte Platte mit dem Profil $y = e^{-\frac{\beta x^2}{6}}$ mit $\beta = +3$ und einer konstanten Flächenbelastung $p = \text{const.}$ Dann wird [s. Gleichung (12), S. 13]

$$f(x) = 1$$

und damit

$$\psi_0 = \frac{q}{x}\int x\,dx\int f(x)\,x\,dx = \frac{qx^3}{8},$$

$$\psi_{0r} = \frac{d\psi_0}{dx} + \nu\frac{\psi_0}{x} = \frac{3+\nu}{8}\,qx^2,$$

$$\psi_{0t} = \nu\frac{d\psi_0}{dx} + \frac{\psi_0}{x} = \frac{1+3\nu}{8}\,qx^2.$$

Man ersetzt nun das gegebene Profil durch eine treppenförmige Näherung (s. Tafel 8) und legt sich am besten ein die Zeichnung begleitendes Rechenschema (Tabelle 8) an, in dessen erste 5 Spalten man für die einzelnen Querschnitte die Werte von x, x^2, v, ψ_{0r}, ψ_{0t} einträgt. In 3 weitere Spalten trägt man die Werte y und y^3 für die einzelnen ringförmigen Teilplatten und die Werte $\frac{\Delta y^3}{y^3}$ für die Querschnitte ein, in denen die Teilplatten zusammenstoßen.

Man zeichnet sich nun ein Koordinatensystem, auf dessen Abszissenachse man $v = \frac{1}{x^2}$ abträgt, während man als Ordinaten die Werte $\frac{\Phi_r}{q}$ und $\frac{\Phi_t}{q}$ aufträgt. (In Tabelle 8 sind die negativen Werte nach oben abgetragen.) Außerdem werden noch die Werte $-\psi_{0r}$ und $-\psi_{0t}$ über den einzelnen Querschnitten aufgetragen. Man beginne etwa im Mittelpunkt der Platte und wähle dort $\Phi_r = \Phi_t = -1$ (s. S. 51); für die innerste Teilplatte $0-1$ ist der Verlauf von Φ_r und Φ_t dann durch ein und dieselbe Parallele zur Abszissenachse dargestellt, die im Punkte $(v_1, 1)$ beginnt und ins Unendliche läuft, da für $x = 0$ natürlich $v =$ unendlich wird. Nun greift man, wie oben gezeigt, mit dem Stechzirkel den Wert von $\psi_t - \nu\,\psi_r$ für den Querschnitt 1 ab, trägt ihn in eine weitere Spalte des Rechenschemas ein, und berechnet daraus

$$\Delta\Phi_t = \frac{\Delta y^3}{y^3}(\psi_t - \nu\psi_r).$$

Damit kennt man den Sprung von Φ_t am Querschnitt 1 und damit auch den Wert von Φ_t für den Rand der nächsten Teilplatte. Φ_r erleidet keinen Sprung. Man kann jetzt für die Teilplatte zwischen den Querschnitten 1 und 2 den Verlauf von Φ_r und Φ_t, wie oben gezeigt, leicht einzeichnen und im Querschnitt 2 genau in derselben Weise auf die nächste Teilplatte übergehen. Fährt man so fort, so bekommt man nach wenigen Schritten den Verlauf von Φ_r und Φ_t für die ganze Platte. Hätte man nun am Innenrand von Φ_r und Φ_t zufällig richtig gewählt, so wären am Außenrande die Randbedingungen erfüllt gewesen. Dies wird aber im allgemeinen nicht der Fall sein. Man nimmt dann am Innenrand einen neuen Wert $\Phi_r' = \Phi_t'$ an (in dem durchgerechneten Beispiel ist hierbei der Wert $-0,5$ gewählt) und führt den ganzen Rechnungsgang ein zweites Mal durch, wobei man aber $\psi_{0r} = \psi_{0t} = 0$ setzt. Die tatsächliche Lösung ist nun dargestellt durch

$$\Phi_r^* = \Phi_r + \alpha\,\Phi_r', \quad \Phi_t^* = \Phi_t + \alpha\,\Phi_t'.$$

Der Faktor α bestimmt sich hierbei aus den Randbedingungen, und zwar ist für den Fall der am Außenrande eingespannten Platte daselbst

$$\varphi^* = \varphi + \alpha\varphi' = 0,$$

während für die am Außenrande frei aufgelagerte Platte gilt

$$m_r = \psi_r^* = 0$$

oder

$$\psi_r + \alpha\psi_r' = 0.$$

In dem gewählten Beispiel ergibt sich

$$\varphi_r = -\,0{,}412,$$
$$\psi_r' = -\,0{,}404 \qquad \text{für } x = 1.$$

Daraus folgt, wenn man annimmt, daß die Platte am Außenrand frei aufliegt

$$-\,0{,}412 + \alpha(-\,0{,}404) = 0$$

oder

$$\alpha = -\,1{,}01.$$

Damit lassen sich nun die endgültigen Werte von ψ_r und ψ_t berechnen gemäß

$$\psi_r^* = \psi_r + \alpha\psi_r',$$
$$\psi_t^* = \left(\psi_t + \frac{\Delta\Phi_t}{2}\right) + \alpha\left(\psi_t' + \frac{\Delta\Phi_t'}{2}\right).$$

Es wäre etwas genauer, aber auch etwas umständlicher, die Werte aus der Mitte der einzelnen Teilplatten zu entnehmen wegen der für Φ_t an den Trennungsstellen auftretenden Unstetigkeiten. Praktisch dürfte aber der oben angegebene Weg genügen.

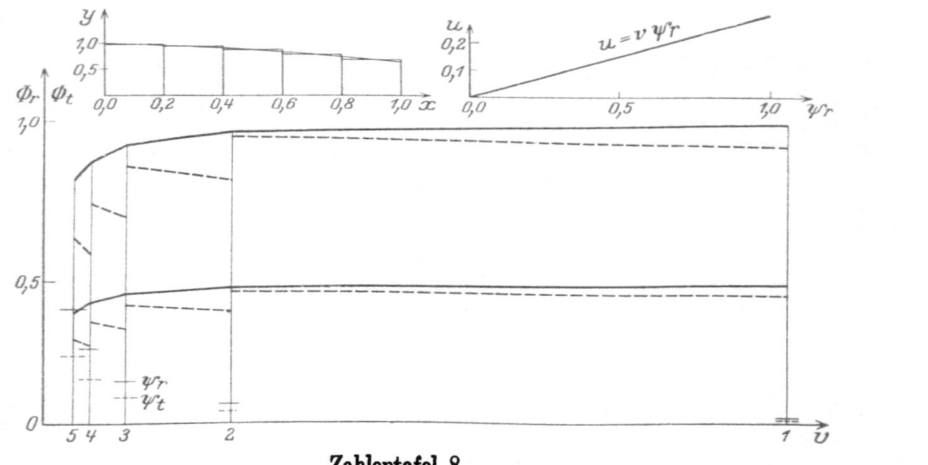

Zahlentafel 8.

Quer-schnitt	1	2	3	4	5	6	7	8	9	10	11	12	13	14	15
	x	x^2	$v=\frac{1}{x^2}$	ψ_{or}	ψ_{ot}	y	y^3	$\frac{\Delta y^3}{y}$	$\psi_t - \nu\psi_r$	$\Delta\Phi_t$	ψ_r	ψ_t	s	t	φ
0	0,0	0,00	∞	0,0000	0,0000						— 0,495	— 0,495	0,495	0,495	0,000
						0,995	0,985								
1	0,2	0,04	25,00	0,0165	0,0095			— 0,1127	— 0,695 — 0,350	0,078 0,039	— 0,478	— 0,465	0,498	0,485	0,075
						0,956	0,874								
2	0,4	0,16	6,25	0,0660	0,0380			— 0,2140	— 0,642 — 0,330	0,138 0,071	— 0,413	— 0,401	0,486	0,471	0,155
						0,882	0,687								
3	0,6	0,36	2,778	0,1485	0,0855			— 0,3013	— 0,538 — 0,288	0,162 0,087	— 0,310	— 0,304	0,444	0,436	0,239
						0,783	0,480								
4	0,8	0,64	1,5625	0,2640	0,1520			— 0,3810	— 0,410 — 0,236	0,156 0,090	— 0,171	— 0,191	0,324	0,362	0,322
						0,667	0,297								
5	1,0	1,00	1,000	0,4125	0,2375	(0,607)	(0,223)	(— 0,249)	(— 0,280) (— 0,163)	(0,070) (0,041)	0,000	— 0,079	0,000	0,215	0,389

Zu bemerken ist noch, daß auch am Außenrand der Wert von $\Delta\Phi_t$ noch berechnet werden muß, da der Mittelwert von y für die äußerste Teilplatte nicht mit dem von y am Außenrand übereinstimmt. In dem Rechenschema für das gewählte Beispiel ist die Berechnung in Klammern beigefügt. In die Spalte 11 bis 14 sind die Werte von ψ_r und ψ_t, sowie die Werte,

$$\frac{s}{q} = \frac{\psi_r}{y^2}, \quad \frac{t}{q} = \frac{\psi_t}{y^2}$$

eingetragen.

In Spalte 15 finden sich schließlich noch die Werte

$$\varphi = \frac{x}{1-\nu^2} \frac{\psi_t - \nu\psi_r}{y^3}.$$

Daraus kann — etwa nach der Sehnentrapezregel — der Biegungspfeil

$$w = a \sum \varphi \Delta x$$

berechnet werden. Die Intervallbreite Δx ist in dem Beispiel zu $\Delta x = 0{,}2$ gewählt worden in Übereinstimmung mit der Breite der Plattenelemente. Genauere Werte wird man natürlich durch die Tangententrapezregel oder Simpsonsche Regel erzielen.

Um ein Urteil über die Genauigkeit des Verfahrens zu bekommen, sind in folgender Tabelle die erhaltenen Werte von s, t mit den weiter oben genau berechneten verglichen:

$x =$	0,0	0,2	0,4	0,6	0,8	1,0
$\frac{s}{q}$ genähert	0,495	0,498	0,486	0,444	0,324	0,000
$\frac{s}{q}$ genau	0,499	0,497	0,485	0,444	0,324	0,000
$\frac{t}{q}$ genähert	0,495	0,485	0,471	0,436	0,362	0,215
$\frac{t}{q}$ genau	0,499	0,493	0,475	0,437	0,358	0,192

Der Biegungspfeil w ist genähert gleich $0{,}197 \cdot aq$, wogegen sein genauer Wert $0{,}1944 \cdot aq$ beträgt. Man erkennt, daß die Genauigkeit außerordentlich groß ist, der Fehler beträgt im ungünstigsten Fall etwa 1%, während er bei s sogar meist kleiner als 0,1% ist.

Man darf also daraus schließen, daß das Verfahren durchaus brauchbar ist, zumal da es sich sehr einfach durchführen läßt und rasch zum Ziele führt. Man beherrscht damit alle Belastungsfälle für kreissymmetrische Platten, soweit die allgemeinen Annahmen der elementaren Biegungstheorie überhaupt zutreffen.

6. Platten gleicher Festigkeit.

Für verschiedene praktische Aufgaben der Technik ist es von Wichtigkeit, Konstruktionsteile mit einem geringsten Materialaufwand zu entwerfen. Zu diesem Zweck stellt man in der Regel für die zu entwerfenden Körper die Forderung auf, daß sie Körper gleicher Festigkeit bilden, d. h. daß überall die gleichen Spannungen in ihnen auftreten sollen. Diese Forderung auf Platten angewandt, heißt ein solches Profil zu finden, daß überall

$$\sigma_r = \sigma_t = \text{const}$$

wird, oder da die oben eingeführten Größen (s. S. 15)

$$\left.\begin{aligned} s &= y\left(\frac{d\varphi}{dx} + \nu\frac{\varphi}{x}\right) \\ t &= y\left(\nu\frac{d\varphi}{dx} + \frac{\varphi}{x}\right) \end{aligned}\right\}, \tag{14}$$

mit σ_r bzw. σ_t verhältnisgleich sind

$$s = t = \text{const}.$$

Eliminiert man φ aus den beiden Gleichungen (14), so erhält man die „Verträglichkeitsbedingung"

$$(1+\nu)(s-t) = x\left(\frac{dt}{dx} - \nu\frac{ds}{dx}\right) - x\frac{y'}{y}(t-\nu s), \tag{40}$$

wo $y' = \frac{dy}{dx}$ bedeutet.

Führt man andererseits die Größen s und t in die Plattengleichung

$$\frac{d^2\varphi}{dx^2} + \left(\frac{1}{x} + \frac{d\log y^3}{dx}\right)\frac{d\varphi}{dx} - \left(\frac{1}{x^2} - \frac{\nu}{x}\frac{d\log y^3}{dx}\right)\varphi = \frac{q}{x\,y^3}\left(x^2 f(x) + c\right)$$

ein, so erhält man, wie sich leicht verifizieren läßt

$$\frac{d}{dx}(x\,y^2\,s) - y^2\,t = q\left(x^2 f(x) + c\right), \tag{41}$$

eine Gleichung, die sich auch ohne weiteres aus der Momentengleichung (S. 7) ergibt, wenn man dort an Stelle der Biegungsspannungen die Biegungsmomente, sowie dimensionslose Größen einführt und berücksichtigt, daß die Belastung kreissymmetrisch, also unabhängig von α sein soll.

Die Belastung p ergibt sich gemäß (10) (S. 12) zu

$$p = p_0\left(f(x) + \frac{x}{2}\frac{df(x)}{dx}\right).$$

Für eine Platte konstanter Festigkeit wird nun verlangt, daß

$$s = t = \text{const},$$

also

$$\frac{ds}{dx} = \frac{dt}{dx} = 0$$

sein soll.

Geht man damit in (40), so folgt

$$y' = 0$$

oder

$$y = \text{const}.$$

Gleichung (41) liefert dann entweder den trivialen Fall

$$q = 0$$

oder

$$f(x) = -\frac{c}{x^2}$$

und

$$p = -c\,p_0\left(\frac{1}{x^2} - \frac{1}{x^2}\right) = 0.$$

Wir kommen damit zu dem Ergebnis, daß die Forderung

$$\sigma_r = \sigma_t = \text{const}$$

nur für eine Platte gleicher Dicke erfüllt werden kann, und zwar nur dann, wenn $p = 0$ ist, die Platte also nur durch Randmomente beansprucht wird.

In den praktisch wichtigen Fällen läßt sich also ein Profil für eine Platte gleicher Festigkeit nicht finden. Dies leuchtet auch ohne weitere Rechnung ein, wenn man bedenkt, daß in den meisten Fällen die belastete Platte an ihren Rändern entweder frei aufliegt oder eingespannt ist, die Spannung σ_r also am Rande oder an einer Stelle im Platteninnern Null werden muß. Man kann jedoch die Forderung befriedigen, daß die Spannungen im Platteninnern möglichst wenig von einem Mittelwert abweichen und erst in der Nähe des Randes auf Null herabsinken sollen. Betrachtet man beispielsweise für eine Plattenschar (ohne Bohrung) mit dem Profil $y = e^{-\frac{\beta x^2}{6}}$ die Spannungsverteilung gemäß Tafel 5, 6 oder den Tabellen 5, 6, so erkennt man, daß für $\beta = 4$ die Spannungen im Platteninnern sich sehr wenig ändern, und erst ganz in der Nähe des Randes abfallen. Kommt es also darauf an, für eine gleichmäßig belastete Platte, die am Außenrande frei aufliegt und keine Innenbohrung aufweist, ein Profil mit einem möglichst geringen Materialaufwand zu finden, so wird man das Profil $y = e^{-\frac{2x^2}{3}}$ wählen. Die größte Spannung erhält man für $x = 0{,}4$. An dieser Stelle ist

$$s = 0{,}5333\,q.$$

Daraus ergibt sich die tatsächliche Spannung zu

$$\sigma_{r\,\max} = \frac{6\,N_0}{a\,h_0^2}\,q\,s$$
$$= 3\,p_0\,a^2\,\frac{s}{h_0^2}$$
$$= 3\,p_0\,a^2\,\frac{0{,}5333}{h_0^2}\,.$$

Ist beispielsweise eine zulässige Höchstspannung $\sigma_{r\,\max} = k_b$ vorgeschrieben, so folgt daraus für die Plattendicke in der Mitte eine gewisse Größe h_0.

Für eine Platte konstanter Dicke mit demselben Durchmesser und derselben Belastung p_0 tritt die größte Spannung in der Mitte auf; man hat dort

$$s = 0{,}4125\,q\,.$$

Daraus folgt

$$\sigma_{r\,\max} = 3\,p_0\,a^2\,\frac{0{,}4125}{h_0'^2}\,.$$

Gleiches Material vorausgesetzt, haben wir daher jetzt eine Plattendicke h_0' zu wählen gemäß

$$h_0' = \sqrt{\frac{0{,}4125}{0{,}5333}}\,h_0$$
$$= 0{,}879\,h_0\,.$$

Nun ist das Volumen einer Platte mit dem Profil $y = e^{-\frac{\beta x^2}{6}}$ gegeben durch

$$V = \pi\,a^2\,h_0 \int_0^1 2\,x\,y\,dx$$
$$= \pi\,a^2\,h_0\,\frac{6}{\beta}\,(1 - y(1))\,.$$

Für $\beta = 6$ folgt daraus

$$V = 0{,}730\,\pi\,a^2\,h_0\,.$$

Andererseits ist das Volumen einer Platte mit überall gleicher Dicke $h_0' = 0{,}879\,h_0$

$$V' = 0{,}879\,\pi\,a^2\,h_0\,.$$

Man erkennt daraus, daß dieses Volumen um etwa 20% größer ist als das Volumen einer Platte mit dem Profil $y = e^{-\frac{2x^2}{3}}$, obgleich die größte auftretende Biegungsspannung in beiden Fällen die gleiche ist. Wenn es also darauf ankommt, eine Platte mit möglichst geringem Gewicht zu konstruieren, so ist dieses Profil zu bevorzugen.

Zum Schlusse möge noch ein Sonderfall behandelt werden, der eigentlich mehr theoretisches Interesse hat, aber unter Umständen brauchbare partikuläre Lösungen für praktische Fälle liefern kann. Es soll nämlich gefordert werden, daß die radiale und die tangentiale Biegungsspannung in jedem Punkte einander gleich sei, daß also

$$\sigma_r = \sigma_t$$

und damit auch

$$s = t$$

sei für alle Werte von x.

Der Einfachheit halber werde vorausgesetzt, daß die Platte keine Bohrung habe und im Mittelpunkt keine Einzellast P trage, daß also in der Plattengleichung (11) die Konstante c verschwinde.

Geht man in die Verträglichkeitsbedingung (40) mit $s = t$ ein, so kommt

$$\frac{ds}{s} = \frac{dy}{y}$$

oder mit einer Konstanten λ

$$t = s = \lambda y,$$

d. h. die Spannungen an den verschiedenen Stellen sind der Plattendicke proportional. Da aber

$$s = y\,\varphi_r = y\left(\frac{d\varphi}{dx} + \nu\frac{\varphi}{x}\right),$$

$$t = y\,\varphi_t = y\left(\nu\frac{d\varphi}{dx} + \frac{\varphi}{x}\right),$$

so gilt

$$\frac{d\varphi}{dx} + \nu\frac{\varphi}{x} = \frac{\varphi}{x} + \nu\frac{d\varphi}{dx}$$

oder

$$\frac{d\varphi}{\varphi} = \frac{dx}{x},$$

also mit einer Konstanten μ

$$\varphi = \mu x.$$

Ferner folgt aus Gleichung (41)

$$\frac{d}{dx}(\lambda x y^3) - \lambda y^3 = q x^2 f(x)$$

oder

$$f(x) = \frac{\lambda}{qx}\frac{dy^3}{dx}$$

und also

$$p = \frac{p_0 \lambda}{2q}\left[\frac{1}{x}\frac{dy^3}{dx} + \frac{d^2 y^3}{dx^2}\right].$$

Daraus läßt sich die zu diesem Spannungszustand $s = t = \lambda y$ gehörige Belastung finden, wenn y gegeben ist. Umgekehrt bestimmt sich daraus y, wenn p bzw. $f(x)$ vorgegeben ist, gemäß

$$y^3 = \frac{q}{\lambda}\int\limits_0^x f(x)\,x\,dx + y_0^3.$$

Beispiele:

1. $y = \text{const}; \quad p = f(x) = 0,$ (siehe oben)

2. $y^3 = \beta x; \quad p = \frac{p_0 \lambda \beta}{2 q x},$

3. $y^3 = \frac{\beta}{2} x^2; \quad p = \frac{p_0 \beta \lambda}{q} = \text{const}.$

Zusammenfassung.

1. Es wird die Differentialgleichung für die Biegung einer kreissymmetrischen Platte nicht konstanter Dicke aufgestellt, und ihre Lösung für kreissymmetrische Belastung mit Hilfe von Reihenentwicklungen angegeben.

2. Für eine Klasse von Sonderprofilen werden die Lösungen der Biegungsgleichung numerisch ausgeführt.

3. Es wird ein numerisches und ein graphisches Näherungsverfahren für beliebige Profile angegeben.

4. Das Problem der Platte konstanter Festigkeit wird diskutiert und ein Profil angegeben, das die Forderung gleicher Festigkeit praktisch genügend erfüllt.